华章图书

一本打开的书，
一扇开启的门，
通向科学殿堂的阶梯，
托起一流人才的基石。

智能系统与技术丛书

Learn OpenCV 4 by Building Projects
Second Edition

OpenCV 4 计算机视觉项目实战

（原书第2版）

[西班牙] 大卫·米兰·埃斯克里瓦（David Millán Escrivá）
维尼休斯·G. 门东萨（Vinícius G. Mendonça） 著
[美] 普拉蒂克·乔希（Prateek Joshi）
冀臻 译

图书在版编目（CIP）数据

OpenCV 4 计算机视觉项目实战（原书第 2 版）/（西）大卫·米兰·埃斯克里瓦等著；冀臻译．—北京：机械工业出版社，2019.7（2020.5 重印）
（智能系统与技术丛书）
书名原文：Learn OpenCV 4 By Building Projects, Second Edition

ISBN 978-7-111-63164-4

I. O… II. ①大… ②冀… III. 图像处理软件 - 程序设计 IV. TP391.413

中国版本图书馆 CIP 数据核字（2019）第 140165 号

本书版权登记号：图字 01-2019-2827

David Millán Escrivá, Vinícius G. Mendonça, Prateek Joshi: ***Learn OpenCV 4 By Building Projects, Second Edition*** (ISBN: 978-1-78934-122-5).

OpenCV 4 计算机视觉项目实战（原书第 2 版）

出版发行：机械工业出版社（北京市西城区百万庄大街 22 号 邮政编码：100037）

责任编辑：王春华	责任校对：殷 虹
印 刷：大厂回族自治县益利印刷有限公司	版 次：2020 年 5 月第 1 版第 3 次印刷
开 本：186mm×240mm 1/16	印 张：13.75
书 号：ISBN 978-7-111-63164-4	定 价：79.00 元

凡购本书，如有缺页、倒页、脱页，由本社发行部调换

客服热线：（010）88379426 88361066　　投稿热线：（010）88379604

购书热线：（010）68326294　　读者信箱：hzit@hzbook.com

Preface 前　言

OpenCV是用于开发计算机视觉应用程序的最流行的库之一，它使我们能够实时运行许多不同的计算机视觉算法。它已存在很多年了，并且已经成为该领域的标准库。OpenCV的主要优势之一是它经过高度优化，几乎可以在所有平台上使用。

本书首先简要介绍计算机视觉的各个领域以及相关的OpenCV函数，这些函数均用C++编写。每章都包含实际的例子和代码示例，用于演示用例。这有助于你轻松掌握主题并了解如何在现实生活中应用它们。综上所述，这是一本实用的指导书，你将从中学会如何在C++中使用OpenCV并使用这个库构建各种应用程序。

本书目标读者

本书面向不熟悉OpenCV并希望在C++中使用OpenCV开发计算机视觉应用程序的开发人员。了解C++的基本知识将有助于理解本书。本书对于想要学习计算机视觉入门知识并理解基本概念的人也很有用。他们应该了解基本的数学概念，例如向量、矩阵和矩阵乘法，以便充分利用本书。在阅读本书的过程中，你将学会如何使用OpenCV从零开始构建各种计算机视觉应用程序。

本书涵盖内容

第1章介绍在各种操作系统上的安装步骤，并介绍人类视觉系统以及计算机视觉中的各种主题。

第2章讨论如何在OpenCV中读/写图像和视频，并解释如何使用CMake构建项目。

第3章介绍如何构建图形用户界面和鼠标事件检测器，以构建交互式应用程序。

第4章探讨直方图和滤波器，并展示如何对图像进行卡通化处理。

第5章描述各种图像预处理技术，如噪声消除、阈值处理和轮廓分析。

第 6 章处理目标识别和机器学习，以及如何使用支持向量机来构建目标分类系统。

第 7 章讨论人脸检测和 Haar 级联，然后解释这些方法如何用于检测人脸的各个部位。

第 8 章探讨背景减除、视频监控和形态图像处理，并且描述它们如何相互连接。

第 9 章介绍如何使用不同技术跟踪实时视频中的目标，例如，基于颜色和基于特征进行跟踪。

第 10 章讨论光学字符识别、文本分割，并介绍 Tesseract OCR 引擎。

第 11 章深入探究 Tesseract OCR 引擎，解释如何将其用于文本检测、提取和识别。

第 12 章探讨如何使用两种常用的深度学习架构在 OpenCV 中应用深度学习，在这两种架构中，YOLO v3 用于目标检测，而单发探测器（Single Shot Detector）用于人脸检测。

如何充分利用本书

了解 C++ 的基本知识将有助于理解本书内容。这些例子使用以下技术进行构建：OpenCV 4.0、CMake 3.3.x 或更新版本、Tesseract、Leptonica（依赖于 Tesseract）、Qt（可选）和 OpenGL（可选）。

相关章节提供了详细的安装说明。

下载示例代码

本书的示例代码可以从 http://www.packtpub.com 通过个人账号下载，也可以访问华章图书官网 http://www.hzbook.com，通过注册并登录个人账号下载。

本书的代码包还托管在 GitHub 上，如果代码有更新，会在现有的 GitHub 库上更新：https://github.com/PacktPublishing/Learn-OpenCV-4-By-Building-Projects-Second-Edition。

下载彩色图像

本书提供了一个 PDF 文件，其中包含书中使用的屏幕截图 / 图表的彩色图像：https://www.packtpub.com/sites/default/files/downloads/9781789341225_ColorImages.pdf。

About the authors 作者简介

大卫·米兰·埃斯克里瓦（David Millán Escrivá）8 岁时用 BASIC 语言在 8086 PC 上编写了他的第一个程序。他在瓦伦西亚政治大学（Universitat Politécnica de Valencia）完成了他的 IT 学习，并在由使用 OpenCV（v0.96）的计算机视觉技术所支持的人机交互领域取得了优异的成绩。他拥有人工智能、计算机图形学和模式识别硕士学位，专注于模式识别和计算机视觉。他还拥有超过 9 年的计算机视觉、计算机图形和模式识别经验。他是 Damiles Blog 的作者，在上面发表关于 OpenCV、计算机视觉和光学字符识别算法的文章与教程。

我要感谢我的妻子 Izaskun、女儿 Eider 和儿子 Pau，他们始终保持无限的耐心并坚定地支持我。他们改变了我的生活，让我的每一天都变得很棒。我爱你们。

我要感谢 OpenCV 团队和社区给予我们这个精彩的库。我还要感谢我的合著者，感谢 Packt 出版社支持并帮助我完成本书。

维尼休斯·G. 门东萨（Vinícius G. Mendonça）是巴拉那天主教大学（PUCPR）的计算机图形专业教授。他于 1998 年开始使用 C++ 进行编程，并于 2006 年进入计算机游戏和计算机图形领域。他目前是巴西 Apple 开发者学院（Apple Developer Academy）的导师，从事用于移动设备的金属、机器学习和计算机视觉方面的教学工作。他曾担任其他 Packt 图书的审校者，包括《OpenNI Cookbook》和《Mastering OpenCV and Computer Vision with OpenCV 3 and Qt5》。在他的研究中，使用了 Kinect、OpenNI 和 OpenCV 来识别巴西手语手势。他感兴趣的领域包括移动电话、OpenGL、图像处理、计算机视觉和项目管理。

我要感谢我的妻子 Thais A. L. Mendonça，感谢她在我撰写本书时给予我的支持。我还要把这部作品献给我的四个女儿，Laura、Helena、Alice 和 Mariana，以及我的继子 Bruno。

没有这个伟大的家庭，我的生活和工作就毫无意义。我还要感谢 Fabio Binder，他是我的老师、老板和导师，他把我带入计算机图形学和游戏领域，并且在我的职业生涯中给予了我很多帮助。

普拉蒂克·乔希（Prateek Joshi）是一位人工智能研究员、8 本书的作者，还是一位 TEDx 演讲者。他的著作曾入选 Forbes 30 Under 30、CNBC、TechCrunch、Silicon Valley Business Journal 等多部出版物。他是 Pluto AI 的创始人，Pluto AI 是一家由风投资助的硅谷初创公司，为水利设施建立智能平台。他毕业于南加州大学，获得人工智能专业硕士学位。他之前曾就职于 NVIDIA 和 Microsoft Research。

Brief introduction of reviser 审校者简介

Marc Amberg 是一位经验丰富的机器学习和计算机视觉工程师，拥有在 IT 和服务行业工作的成功经验。他擅长 Python、C/C++、OpenGL、3D 重建和 Java。他是一名优秀的工程专家，在里尔科学与技术大学（里尔一世）(Université des Sciences et Technologies de Lille (Lille I)）获得了计算机科学（图像、视觉和交互）硕士学位。

Vincent Kok 目前是英特尔运输工业部门的一名软件平台应用工程师。他毕业于马来西亚理科大学（USM)，获得了电子工程学位。目前，他正在 USM 攻读嵌入式系统工程硕士学位。Vincent 积极参与开发者社区，并定期参加在世界各地举办的 Maker Faire 活动。他喜欢设计电子硬件套件，并在业余时间为初学者提供焊接 /Arduino 课程。

目　录 *Contents*

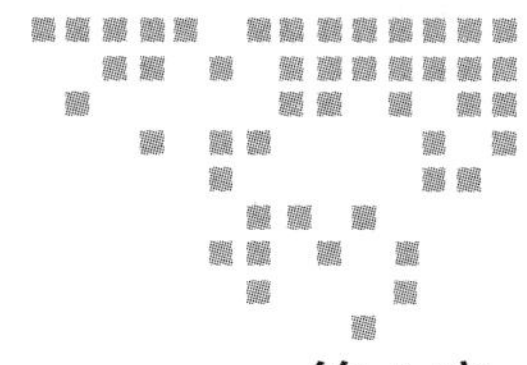

第1章 Chapter 1

OpenCV 入门

计算机视觉应用程序很有趣，而且很有用，但是其底层算法是计算密集型的。随着云计算的出现，我们正在获得更强大的处理能力。

OpenCV 库使我们能够实时高效地运行计算机视觉算法。它已经存在很多年了，并已成为该领域的标准库。OpenCV 的主要优势之一是它经过高度优化，几乎可以在所有平台上使用。

本书将介绍我们要用到的各种算法和使用它们的原因，以及如何在 OpenCV 中实现它们。

在本章中，我们将学习如何在各种操作系统上安装 OpenCV。我们将讨论 OpenCV 提供的开箱即用的服务，以及使用内置函数可以做的各种事情。

本章介绍以下主题：

- 人类如何处理视觉数据，如何理解图像内容？
- 我们能用 OpenCV 做什么，OpenCV 中可以用于实现这些目标的各种模块是什么？
- 我们如何在 Windows、Linux 和 Mac OS X 上安装 OpenCV ?

1.1 了解人类视觉系统

在进入 OpenCV 的功能之前，首先需要了解为什么要构建这些功能。了解人类视觉系统的工作原理是非常重要的，这样你就可以开发出正确的算法。

计算机视觉算法的目标是理解图像和视频的内容，对此，人类似乎毫不费力！那么，我们如何才能让机器以相同的精度做到这一点呢？

请看图 1-1。

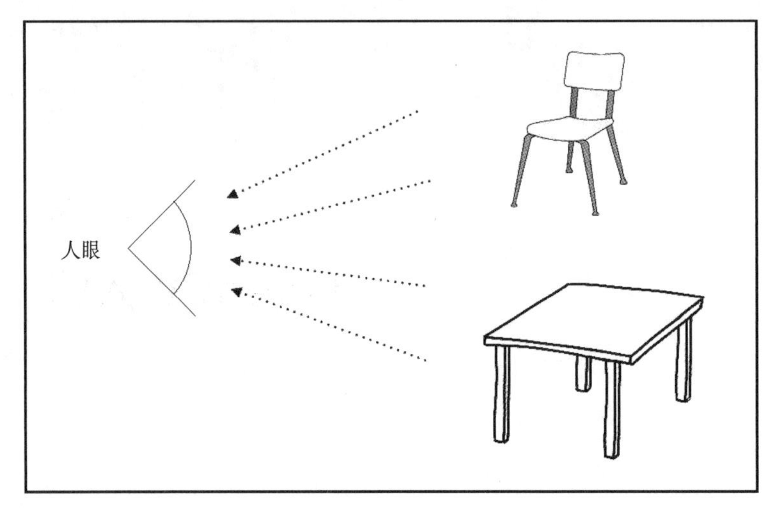

图 1-1

人眼可以捕获视野内的所有信息，例如颜色、形状、亮度等。如图 1-1 所示，人眼捕获到关于两个主要对象的所有信息，并以某种方式将其存储起来。如果能知道人眼系统是如何工作的，我们就可以利用它来实现我们的目的。

例如，以下是我们需要知道的一些事情：

- 我们的视觉系统对低频内容比高频内容更敏感。低频内容是指像素值不会快速变化的平面区域，高频内容是指具有角和边缘的区域，其像素值波动很大。我们可以很容易地看到平面上是否有斑点，但很难在高度纹理化的表面发现类似的东西。
- 人眼对亮度的变化比对颜色的变化更敏感。
- 我们的视觉系统对运动很敏感。即使没有直接看到，我们也能很快识别出视野中是否有某些东西正在移动。
- 我们倾向于在脑海中记下视野中的特征点。假设你看到一张白色的桌子，它有四条黑色的桌腿，桌面的一角有一个红点。当你看着这张桌子时，你会立刻记下表面和桌腿有相反的颜色，并且其中一个角上有一个红点。我们的大脑非常聪明！我们自动执行此操作，这样，当再次遇到该对象时，就能够立即识别出它。

为了认识人类的视觉，让我们来看一张俯视图，以及我们看各种事物的角度，如图 1-2 所示。

我们的视觉系统实际上还可以提供更多功能，但这应该足够了。你可以通过在网上阅读人类视觉系统（HVS）模型来做进一步探索。

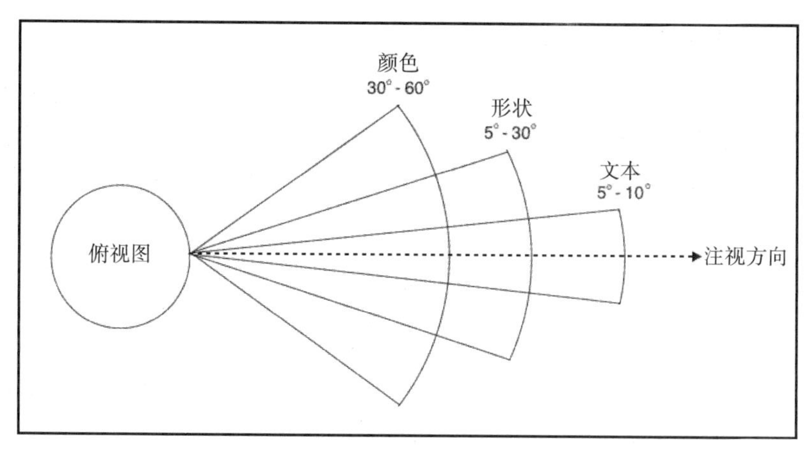

图 1-2

1.2 人类如何理解图像内容

如果环顾四周，你会看到很多对象。你每天都会遇到很多不同的对象，你几乎可以毫不费力地认出它们。当看到一把椅子，你不会等几分钟才意识到它实际上是一把椅子。你立即就会知道它是一把椅子。

另一方面，计算机执行这项任务却非常困难。研究人员多年来一直在研究为什么计算机在这方面没有我们做得好。

为了得到这个问题的答案，我们需要了解人类是如何做到的。视觉数据的处理发生在腹侧视觉流中。这个腹侧视觉流是指我们的视觉系统中与对象识别相关的路径。它基本上是我们大脑中的一个区域层次结构，可以帮助我们识别对象。

人类可以毫不费力地识别不同的对象，并且可以将类似的对象聚集在一起。我们之所以能够这样做，是因为我们已经对同一类对象产生了某种不变性。观察对象时，我们的大脑会以某种方式提取特征点，这种方式与方向、大小、视角和照明等因素无关。

一把比正常尺寸大一倍并且旋转45度的椅子仍然是一把椅子。正是由于这种处理方式，我们才能够轻松识别它。机器并不能这么容易地做到这一点。人类倾向于根据其形状和重要特征记住一个对象。无论对象如何放置，我们仍然能够识别它。

在我们的视觉系统中，建立起了关于位置、比例和视角等层次的不变性，这有助于我们变得非常强大。如果你深入了解我们的系统，就会发现人类的视觉皮层中有些细胞可以响应曲线和线条等形状。

如果沿着腹侧流进一步移动，我们将会看到更复杂的细胞，这些细胞经过训练，可以响应更复杂的对象，如树木、大门等。腹侧流中的神经元往往表现出接受区大小的增加，而神经元偏爱的刺激的复杂性也会同时增加。

为什么机器难以理解图像内容

我们已经知道视觉数据是如何进入人类视觉系统，以及我们的系统是如何处理这些数据的。问题是我们仍然不能完全理解大脑如何识别和组织这些视觉数据。在机器学习中，我们只是从图像中提取一些特征，并要求计算机使用算法来学习它们。这些变化仍然存在，例如形状、大小、视角、角度、照明、遮挡等。

例如，对于机器来说，当从侧面观察时，同一把椅子看起来就非常不同。人类很容易识别出它是一把椅子，无论它是如何呈现给我们的。那么，我们如何向机器解释这一点？

一种方法是存储对象的所有不同的变化，包括大小、角度、视角等。但是这个过程既麻烦又耗时。而且，实际上不可能收集到包含每一个变化的数据。机器将会消耗掉大量内存，并且需要大量时间来构建可以识别这些对象的模型。

即便如此，如果某个对象有一部分被遮挡，计算机仍然无法识别它。因为它们会认为这是一个新对象。因此，当我们构建计算机视觉库时，就需要构建底层功能块，这些功能块可以按多种不同方式组合以形成复杂的算法。

OpenCV 提供了很多这样的功能，并且它们经过了高度优化。因此，一旦了解了 OpenCV 的功能，就可以有效地使用它来构建有趣的应用程序。

让我们在下一节继续探讨这个问题。

1.3 你能用 OpenCV 做什么

使用 OpenCV，你几乎可以完成你能想到的每种计算机视觉任务。现实生活中的问题要求同时使用许多计算机视觉算法和模块来获得所需的结果。因此，你只需了解要用哪些 OpenCV 模块和函数来获得你想要的东西。

让我们来看看 OpenCV 中可以开箱即用的功能。

1.3.1 内置数据结构和输入 / 输出

OpenCV 的最大优点之一是它提供了许多内置基元来处理与图像处理和计算机视觉相关的操作。如果你必须从零开始编程，就必须定义 Image、Point、Rectangle 等。这些几乎是任何计算机视觉算法的基础。

OpenCV 自带所有这些基本结构，它们包含在核心模块中。另一个优点是这些结构已经针对速度和内存进行了优化，因此你不必担心其实现细节。

imgcodecs 模块可以处理图像文件的读取和写入。当你对输入图像进行操作并创建输出图像时，可以使用简单的命令将其另存为 .jpg 或 .png 文件。

使用摄像机时，你将会处理大量的视频文件。videoio 模块可以处理与视频文件的输入和输出相关的所有操作。你可以轻松地从网络摄像头捕获视频，或以多种不同格式读取视频文件。你甚至可以通过设置诸如每秒帧数、帧大小等属性来将很多帧保存为视频文件。

1.3.2　图像处理操作

在编写计算机视觉算法时，会有很多基本的图像处理操作，你将反复使用它们。大多数这些函数都在 imgproc 模块中。你可以执行诸如图像过滤、形态学操作、几何变换、颜色转换、图像绘制、直方图、形状分析、运动分析、特征检测等操作。

让我们来看看图 1-3。

图　1-3

右图是左侧图像的旋转版本，我们在 OpenCV 中用一行代码就可以实现这种转换。

还有另一个名为 ximgproc 的模块，它包含高级图像处理算法，可以用于诸如结构化森林的边缘检测、域变换滤波器、自适应流形滤波器等处理。

1.3.3　GUI

OpenCV 提供了一个名为 highgui 的模块，可用于处理所有高级用户界面操作。假设你正在解决一个问题，并且想要在继续下一步之前检查图像的外观，则可利用该模块具有的创建窗口以显示图像和视频的功能。

它有一个等待功能，可以等你按下键盘上的一个键才进入下一步。还有一个可以检测鼠标事件的功能，在开发交互式应用程序时非常有用。

使用这些功能，你可以在那些输入窗口上绘制矩形，然后根据所选区域进行处理，以图 1-4 为例。

如你所见，我们在窗口上画了一个绿色矩形。一旦得到这个矩形的坐标，就可以单独操作该区域。

图 1-4

1.3.4 视频分析

视频分析包括诸如分析视频中连续帧之间的运动、跟踪视频中的不同目标、创建视频监控模型等任务。OpenCV 提供了一个名为 video 的模块，可以处理所有这些任务。

还有一个名为 videostab 的模块，用来处理视频稳定的问题。视频稳定非常重要，因为当你通过手持摄像机拍摄视频时，通常会有很多抖动需要纠正。所有的现代设备都会使用视频稳定功能，以便在将视频呈现给最终用户之前对其进行处理。

1.3.5 3D 重建

3D 重建是计算机视觉中的一个重要课题。给定一组 2D 图像，我们可以使用相关算法重建 3D 场景。在 calib3d 模块中，OpenCV 提供的算法可以找到这些 2D 图像中各种对象之间的关系，并计算其 3D 位置。

该模块还可以处理摄像机校准，这对于估计摄像机的参数至关重要。这些参数定义了摄像机如何看到它前面的场景。我们需要知道这些参数来设计算法，否则我们可能会得到意想不到的结果。

请看图 1-5。

正如我们在这里看到的，相同的对象从多个位置被捕获。我们的工作是使用这些 2D 图像重建原始对象。

图　1-5

1.3.6　特征提取

正如我们前面所讨论的，人类视觉系统倾向于从给定场景中提取主要特征，然后记住它，这样便于后续的检索。为了模仿这一点，人们开始设计各种特征提取器，用于从给定的图像中提取出这些特征点。流行的算法包括尺度不变特征变换（Scale Invariant Feature Transform，简称 SIFT）、加速鲁棒特征（Speeded Up Robust Features，简称 SURF）和加速分段测试特征（Features From Accelerated Segment Test，简称 FAST）。

名为 features2d 的 OpenCV 模块提供了检测和提取所有这些特征的功能。另一个名为 xfeatures2d 的模块提供了更多的特征提取器，其中一些仍处于实验阶段。如果有机会，你可以尝试使用它们。

还有一个名为 bioinspired 的模块，可以为受到生物学启发的计算机视觉模型提供算法。

1.3.7　对象检测

对象检测是指检测给定图像中对象的位置。此过程与对象类型无关。如果你设计一个椅子检测器，它不会告诉你给定图像中的椅子是高靠背红色的，还是蓝色低靠背的，它只会告诉你椅子的位置。

检测对象的位置是许多计算机视觉系统中的关键步骤。

以图 1-6 为例。

如果你在这幅图像上运行一个椅子检测器，它会在所有椅子的周围放置一个绿色框，但它不会告诉你椅子是什么样的。

由于在各种尺度下执行检测所需的计算次数不同，对象检测曾经是计算密集型任务。为了解决这个问题，Paul Viola 和 Michael Jones 在 2001 年的开创性论文中提出了一个很好的算法（https://www.cs.cmu.edu/~efros/courses/LBMV07/Papers/viola-cvpr-01.pdf），其中提出了一种为任何对象快速设计对象检测器的方法。

图 1-6

OpenCV 自带名为 objdetect 和 xobjdetect 的模块，它们提供了设计对象检测器的框架，你可以使用它们来开发任何对象的探测器，比如太阳镜、靴子等。

1.3.8 机器学习

机器学习算法被广泛用于构建实现目标识别、图像分类、面部检测、视觉搜索等功能的计算机视觉系统。

OpenCV 提供了一个名为 ml 的模块，该模块捆绑了许多机器学习算法，包括贝叶斯分类器（Bayes classifier）、k 近邻（k-nearest neighbor，简称 KNN），支持向量机（support vector machine，简称 SVM）、决策树（decision tree）、神经网络（neural network）等。

它还有一个名为快速近似最近邻搜索库（Fast Approximate Nearest Neighbor Search Library，简称 FLANN）的模块，其中包含用于在大型数据集中进行快速最近邻搜索的算法。

1.3.9 计算摄影

计算摄影是指使用先进的图像处理技术来改善相机捕获的图像。计算摄影并不专注于光学过程和图像捕捉方法，而是使用软件来操纵视觉数据。其应用领域包括高动态范围成像，全景图像、图像补光和光场相机等。

以图 1-7 为例。

看看这些生动的色彩！这是高动态范围图像的例子，使用传统的图像捕获技术无法实现这种效果。必须在多次曝光中捕获相同的场景，相互寄存这些图像，然后将它们很好地混合，之后才能创建出这个图像。

photo 和 xphoto 模块包含各种算法，提供与计算摄影有关的算法。还有一个称为 stitching 的模块，它提供创建全景图像的算法。

图 1-7

> 提示 这里显示的图像可以在以下链接找到：https://pixabay.com/en/hdrhigh-dynamic-range- landscape-806260/。

1.3.10 形状分析

形状的概念在计算机视觉中至关重要。我们通过识别图像中各种不同的形状来分析视觉数据。实际上，这是许多算法中的重要步骤。

假设你正在尝试识别图像中的特定徽标。你知道它可以按各种形状、方向和大小呈现。作为起步的一个好方法是量化对象的形状特征。

shape 模块为提取不同形状、测量它们之间的相似性、转换对象形状等操作提供了所有算法。

1.3.11 光流算法

光流算法用于在视频中跟踪连续帧中的特征。假设你要跟踪视频中的特定对象。在每一帧上运行一个特征提取器是非常耗费计算资源的，这个过程会很慢。因此，你只需从当前帧中提取出要素，然后在连续帧中跟踪这些要素。

光流算法在基于视频的计算机视觉应用中被大量使用。optflow 模块包含了执行光流操作所需的所有算法。还有一个称为 tracking 的模块，其中包含可用于跟踪特征的更多算法。

1.3.12 人脸和对象识别

人脸识别是指识别给定图像中的人物。这与人脸检测不同，在人脸检测中，只需要识别给定图像中人脸的位置。

如果你想建立一个可以识别相机前面的人的实用的生物识别系统，首先需要运行一个人脸检测器来识别人脸的位置，然后运行一个单独的人脸识别器来识别该人是谁。有一个名为 face 的 OpenCV 模块用于处理人脸识别。

正如我们之前讨论的那样，计算机视觉试图按照人类感知视觉数据的方式对算法进行建模。因此，在图像中找到显著的区域和对象将是有帮助的，这可以帮助我们处理不同的应用，例如目标识别、目标检测和跟踪等。一个名为 saliency 的模块是专门为此目的而设计的。它提供的算法可以检测静态图像和视频中的显著区域。

1.3.13 表面匹配

有越来越多的设备能够捕获我们周围对象的 3D 结构，这些设备能够捕获深度信息以及常规的 2D 彩色图像。因此，构建可以理解和处理 3D 对象的算法对我们来说非常重要。

Kinect 是捕获深度信息和视觉数据的一个很好的设备例子，它现在能够识别输入的 3D 对象，并将其与数据库中的模型匹配。如果我们有一个可以识别和定位对象的系统，那么它就可以用于许多不同的应用程序。

一个名为 surface_matching 的模块包含用于 3D 对象识别的算法，以及使用 3D 特征的姿势估计算法。

1.3.14 文本检测和识别

识别给定场景中的文本并识别其内容变得越来越重要，其应用包括车牌识别、识别用于自动驾驶汽车的道路标志、将内容数字化的书籍扫描等。

一个名为 text 的模块包含处理文本检测和识别的各种算法。

1.3.15 深度学习

深度学习对计算机视觉和图像识别有很大影响，并且比其他机器学习和人工智能算法具有更高的准确度。深度学习不是一个新概念；它在 1986 年左右被提出，但在 2012 年左右有了革命性进步，当时新的 GPU 硬件针对并行计算和卷积神经网络（Convolutional Neural Network，简称 CNN）实现进行了优化，加上其他技术，使得在合理的时间内训练复杂的神经网络架构成为可能。

深度学习可以应用于多种用例，例如图像识别、目标检测、语音识别和自然语言处理。从版本 3.4 开始，OpenCV 一直在实现深度学习算法，在最新版本中，添加了诸如 TensorFlow 和 Caffe 等多个重要框架的导入器。

1.4 安装 OpenCV

让我们看看如何在各种操作系统上安装和运行 OpenCV。

1.4.1 Windows

为简单起见，我们使用预先构建的库安装OpenCV。请访问opencv.org并下载适用于Windows的最新版本。当前版本是4.0.0，你可以从OpenCV主页获取下载链接。在继续之前，要确保你拥有管理员权限。

下载的文件是一个可执行文件，因此只需双击它即可开始安装。安装程序会将相关文件安装到一个文件夹中。你可以选择安装路径，并通过检查文件来检查安装。

完成上一步后，需要设置OpenCV环境变量，并把它们添加到系统路径来完成安装。我们将设置一个环境变量来保存OpenCV库的构建目录，并在项目中使用它。

打开终端并键入以下内容：

```
C:> setx -m OPENCV_DIR D:OpenCVBuildx64vc14
```

提示 我们假设你有一台64位计算机，并且安装了Visual Studio 2015。如果你已经安装了Visual Studio 2012，请在命令中将vc14替换为vc11。所指定的路径是OpenCV二进制文件的存放位置，你应该在该路径中看到两个名为lib和bin的文件夹。如果你使用的是Visual Studio 2018，则应从头开始编译OpenCV。

让我们继续，先将bin文件夹的路径添加到系统路径中。这样做的原因是我们将会以动态链接库（DLL）的形式使用OpenCV库。基本上，所有的OpenCV算法都存储在这里，操作系统只会在运行时加载它们。

为此，操作系统需要知道它们的位置。PATH系统变量包含可以找到DLL的所有文件夹的列表。因此，我们自然需要将OpenCV库的路径添加到此列表中。

为什么需要做这一切？另一个选择是将所需的DLL复制到应用程序的可执行文件（.exe文件）所在的相同文件夹中。这是一个不必要的开销，特别是当我们要处理许多不同的项目时。

我们需要编辑PATH变量来添加此文件夹。你可以使用路径编辑器等软件执行此操作，可以从此处下载：https://patheditor2.codeplex.com。安装完成后，启动软件并添加以下新条目（你可以右键单击路径来插入新项目）：

```
%OPENCV_DIR%bin
```

继续并将其保存到注册表，至此，安装完成！

1.4.2 Mac OS X

在本节中，我们将了解如何在Mac OS X上安装OpenCV。预编译的二进制文件不适用于Mac OS X，因此我们需要从头开始编译OpenCV。

在继续之前，我们需要安装CMake。如果你尚未安装CMake，可以从此处下载：https://cmake.org/files/v3.12/cmake-3.12.0-rc1-Darwin-x86_64.dmg。这是一个.dmg格式的

文件，下载完成后，只需运行安装程序即可。

从 opencv.org 下载最新版本的 OpenCV。当前版本是 4.0.0，你可以从这里下载：https://github.com/opencv/opencv/archive/4.0.0.zip。请将它解压缩到你选择的文件夹中。

OpenCV 4.0.0 还有一个名为 opencv_contrib 的新软件包，其中包含尚不稳定的用户贡献功能，以及一些在所有最新的计算机视觉算法中无法免费用于商业用途的算法，请记住这一点。安装此软件包是可选的，如果不安装 opencv_contrib，OpenCV 也能正常工作。

因为我们必须安装 OpenCV，所以最好安装这个软件包，以便以后可以试用它（而不是再次完成整个安装过程），这是学习和使用新算法的好方法。你可以从以下链接下载它：

```
https://github.com/opencv/opencv_contrib/archive/4.0.0.zip.
```

请将 zip 文件解压缩到你选择的文件夹中。为方便起见，请将它解压缩到与之前相同的文件夹中，以便 opencv-4.0.0 和 opencv_contrib-4.0.0 文件夹位于同一个主文件夹中。

现在准备构建 OpenCV。请打开终端并导航到存放 OpenCV 4.0.0 解压缩文件的文件夹。在替换命令中的正确路径后运行以下命令：

```
$ cd /full/path/to/opencv-4.0.0/
$ mkdir build
$ cd build
$ cmake -D CMAKE_BUILD_TYPE=RELEASE -D
CMAKE_INSTALL_PREFIX=/full/path/to/opencv-4.0.0/build -D
INSTALL_C_EXAMPLES=ON -D BUILD_EXAMPLES=ON -D
OPENCV_EXTRA_MODULES_PATH=/full/path/to/opencv_contrib-4.0.0/modules ../
```

下面开始安装 OpenCV 4.0.0。请转至 /full/path/to/opencv-4.0.0/build 目录，并在终端上运行以下命令：

```
$ make -j4
$ make install
```

在上面的命令中，-j4 标志表示它应该使用四个内核来安装它。这种方式更快！现在，开始设置库路径。请使用 vi~/.profile 命令在终端中打开 ~/.profile 文件，并添加以下行：

```
export
DYLD_LIBRARY_PATH=/full/path/to/opencv-4.0.0/build/lib:$DYLD_LIBRARY_PATH
```

我们需要将 opencv.pc 中的 pkgconfig 文件复制到 /usr/local/lib/pkgconfig，并将其命名为 opencv4.pc。这样，如果你已经安装了 OpenCV 3.x.x，则不会发生冲突。让我们继续：

```
$ cp /full/path/to/opencv-4.0.0/build/lib/pkgconfig/opencv.pc
/usr/local/lib/pkgconfig/opencv4.pc
```

我们还需要更新 PKG_CONFIG_PATH 变量。请打开 ~/.profile 文件并添加以下命令行：

```
export PKG_CONFIG_PATH=/usr/local/lib/pkgconfig/:$PKG_CONFIG_PATH
```

使用以下命令重新加载 ~/.profile 文件：

```
$ source ~/.profile
```

大功告成！我们来看看它能否正常工作：

```
$ cd /full/path/to/opencv-4.0.0/samples/cpp
$ g++ -ggdb `pkg-config --cflags --libs opencv4` opencv_version.cpp -o
/tmp/opencv_version && /tmp/opencv_version
```

如果在终端上看到欢迎使用 OpenCV 4.0.0 的字样，那么安装成功。我们还将在本书中使用 CMake 构建 OpenCV 项目，我们会在第 2 章中更详细地介绍它。

1.4.3　Linux

我们来看看如何在 Ubuntu 上安装 OpenCV，需要在开始之前安装一些依赖项，请用包管理器在终端中运行以下命令来安装它们：

```
$ sudo apt-get -y install libopencv-dev build-essential cmake libdc1394-22
libdc1394-22-dev libjpeg-dev libpng12-dev libtiff5-dev libjasper-dev
libavcodec-dev libavformat-dev libswscale-dev libxine2-dev
libgstreamer0.10-dev libgstreamer-plugins-base0.10-dev libv4l-dev libtbb-
dev libqt4-dev libmp3lame-dev libopencore-amrnb-dev libopencore-amrwb-dev
libtheora-dev libvorbis-dev libxvidcore-dev x264 v4l-utils
```

安装了依赖项之后，请下载、构建并安装 OpenCV：

```
$ wget "https://github.com/opencv/opencv/archive/4.0.0.tar.gz" -O
opencv.tar.gz
$ wget "https://github.com/opencv/opencv_contrib/archive/4.0.0.tar.gz" -O
opencv_contrib.tar.gz
$ tar -zxvf opencv.tar.gz
$ tar -zxvf opencv_contrib.tar.gz
$ cd opencv-4.0.0
$ mkdir build
$ cd build
$ cmake -D CMAKE_BUILD_TYPE=RELEASE -D
CMAKE_INSTALL_PREFIX=/full/path/to/opencv-4.0.0/build -D
INSTALL_C_EXAMPLES=ON -D BUILD_EXAMPLES=ON -D
OPENCV_EXTRA_MODULES_PATH=/full/path/to/opencv_contrib-4.0.0/modules ../
$ make -j4
$ sudo make install
```

把 opencv.pc 中的 pkgconfig 文件复制到 /usr/local/lib/pkgconfig，并将其命名为 opencv4.pc：

```
$ cp /full/path/to/opencv-4.0.0/build/lib/pkgconfig/opencv.pc
/usr/local/lib/pkgconfig/opencv4.pc
```

完成了！现在可以用它从命令行编译我们的 OpenCV 程序了。此外，如果你已经安装了现有的 OpenCV 3.x.x，也不会发生冲突。

我们来检查安装是否正常：

```
$ cd /full/path/to/opencv-4.0.0/samples/cpp
$ g++ -ggdb `pkg-config --cflags --libs opencv4` opencv_version.cpp -o
/tmp/opencv_version && /tmp/opencv_version
```

如果在终端上看到欢迎使用 OpenCV 4.0.0 的字样，那么安装成功。在接下来的章节中，我们将学习如何使用 CMake 构建 OpenCV 项目。

1.5 总结

在本章中，我们讨论了人类视觉系统，以及人类如何处理视觉数据。解释了为什么机器难以做到这一点，以及在设计计算机视觉库时需要考虑的因素。

我们学习了使用 OpenCV 可以完成的工作，以及可用于完成这些任务的各种模块。最后，学习了如何在各种操作系统中安装 OpenCV。

在下一章中，我们将讨论如何处理图像以及如何使用各种函数操作图像。我们还将学习如何为 OpenCV 应用程序构建项目结构。

第 2 章 Chapter 2

OpenCV 基础知识导论

在第 1 章介绍了在不同操作系统上安装 OpenCV 之后，我们将在本章介绍 OpenCV 开发的基础知识。首先介绍如何使用 CMake 创建项目。我们将介绍基本的图像数据结构和矩阵，以及在项目中工作所需的其他结构。我们还会介绍如何通过 OpenCV 的 XML/YAML 存储函数将变量和数据保存到文件中。

本章介绍以下主题：

- 使用 CMake 配置项目
- 从 / 向磁盘读取 / 写入图像
- 读取视频和访问相机设备
- 主要图像结构（例如，矩阵）
- 其他重要和基本的结构（例如，向量和标量）
- 基本矩阵运算简介
- 使用 XML/YAML 存储 OpenCV API 进行文件存储操作

2.1 技术要求

本章需要读者熟悉基本的 C++ 编程语言，所使用的所有代码都可以从以下 GitHub 链接下载：https://github.com/PacktPublishing/Learn-OpenCV-4-By-Building- Projects-Second-Edition/tree/master/Chapter_02。代码可以在任何操作系统上执行，尽管只在 Ubuntu 上测试过。

2.2 基本 CMake 配置文件

为配置和检查项目的所有必要依赖项，我们会用到 CMake，但这不是唯一可以完成此操作的方法。我们可以在任何其他工具或 IDE 中配置我们的项目，例如 Makefiles 或 Visual Studio，但 CMake 是一种用于配置多平台 C++ 项目的更便携的方式。

CMake 使用名为 CMakeLists.txt 的配置文件，可以在其中定义编译和依赖关系过程。对于从单个源代码文件构建可执行文件的基本项目，只需要一个包含三行代码的 CMakeLists.txt 文件。

该文件的内容类似于：

```
cmake_minimum_required (VERSION 3.0)
project (CMakeTest)
add_executable(${PROJECT_NAME} main.cpp)
```

第一行定义所需的 CMake 最低版本，该行在 CMakeLists.txt 文件中是必需的，它使我们能够使用在特定版本中定义的 CMake 功能。在我们的例子中，要求最低版本为 CMake 3.0。第二行定义项目的名称。这个名称保存在名为 PROJECT_NAME 的变量中。

最后一行从 main.cpp 文件创建一个可执行命令（add_executable()），并将其命名为与项目（${PROJECT_NAME}）相同的名称，然后将源代码编译成一个名为 CMakeTest 的可执行文件，这是我们设置的项目名称。${} 表达式能够访问环境中定义的任何变量。之后，我们就可以用 ${PROJECT_NAME} 变量作为输出的可执行文件的名称。

2.3 创建一个库

CMake 可用于创建由 OpenCV 构建系统使用的库。在多个应用程序之间分解共享代码是软件开发中常见且有用的做法。在大型应用程序中，或者在多个应用程序共享的公共代码中，这种做法非常有用。在这种情况下，我们不创建二进制可执行文件，而是创建一个包含所有函数、类等的编译文件。这样就可以和其他应用程序分享此库文件，而无须共享我们的源代码。

CMake 为此提供了 add_library 函数：

```
# Create our hello library
    add_library(Hello hello.cpp hello.h)

# Create our application that uses our new library
    add_executable(executable main.cpp)

# Link our executable with the new library
    target_link_libraries(executable Hello)
```

以 # 开头的行是添加的注释，会被 CMake 忽略。add_library（Hello hello.cpp hello.h）命令定义库的源文件及其名称，其中 Hello 是库名，hello.cpp 和 hello.h 是源文件。我们还添加了头文件，使得诸如 Visual Studio 这样的 IDE 能够链接到头文件。该行将会生成一个共享（.so 适用于 Mac OS X 和 Unix，.dll 适用于 Windows）或静态库（.a 适用于 Mac OS X 和 Unix，.lib 适用于 Windows）文件，具体取决于我们是否在库名和源文件之间添加 SHARED 或 STATIC 字。target_link_libraries（executable Hello）是将可执行文件链接到所需库的函数，在我们的例子中，需要的库是 Hello 库。

2.4 管理依赖项

CMake 具备搜索依赖项和外部库的能力，这使我们能够根据项目中的外部组件构建复杂的项目，并添加一些要求。

在本书中，最重要的依赖项自然是 OpenCV，我们将把它添加到我们的所有项目中：

```
    cmake_minimum_required (VERSION 3.0)
    PROJECT(Chapter2)
# Requires OpenCV
    FIND_PACKAGE( OpenCV 4.0.0 REQUIRED )
# Show a message with the opencv version detected
    MESSAGE("OpenCV version : ${OpenCV_VERSION}")
# Add the paths to the include directories/to the header files
    include_directories(${OpenCV_INCLUDE_DIRS})
# Add the paths to the compiled libraries/objects
    link_directories(${OpenCV_LIB_DIR})
# Create a variable called SRC
    SET(SRC main.cpp)
# Create our executable
    ADD_EXECUTABLE(${PROJECT_NAME} ${SRC})
# Link our library
    TARGET_LINK_LIBRARIES(${PROJECT_NAME} ${OpenCV_LIBS})
```

现在，我们通过以下代码了解脚本的工作原理：

```
cmake_minimum_required (VERSION 3.0)
cmake_policy(SET CMP0012 NEW)
PROJECT(Chapter2)
```

第一行定义 CMake 的最低版本，第二行告诉 CMake 使用 CMake 的新行为，以便识别正确的数字和布尔常量，而无须使用这些名称间接引用变量。该策略是在 CMake 2.8.0 中引入的，当 3.0.2 版本中未设置此策略时，CMake 会发出警告。最后一行定义项目的标题。定义项目名称后，我们必须定义需求、库和依赖项：

```
# Requires OpenCV
    FIND_PACKAGE( OpenCV 4.0.0 REQUIRED )
# Show a message with the opencv version detected
    MESSAGE("OpenCV version : ${OpenCV_VERSION}")
    include_directories(${OpenCV_INCLUDE_DIRS})
    link_directories(${OpenCV_LIB_DIR})
```

这段代码搜索 OpenCV 依赖项。FIND_PACKAGE 能够查找依赖项、所需的最低版本以及该依赖是必需的还是可选的。在这个示例脚本中，我们查找 4.0.0 或更高版本的

OpenCV，并声明它是必需包。

> 提示 FIND_PACKAGE 命令包括所有 OpenCV 子模块，但是，也可以指定要包含在项目中的子模块，以便应用程序能够更小更快地执行。例如，如果我们只使用基本的 OpenCV 类型和核心功能，就可以使用以下命令：FIND_PACKAGE（OpenCV 4.0.0 REQUIRED core）。

如果 CMake 没有找到它，就会返回错误，并且不会阻止我们编译应用程序。MESSAGE 函数在终端或 CMake GUI 中显示一条消息。在这个例子中，我们将这样显示 OpenCV 版本：

```
OpenCV version : 4.0.0
```

${OpenCV_VERSION} 是 CMake 用来存储 OpenCV 包版本的变量。include_directories() 和 link_directories() 向环境中添加指定库的头文件和路径。OpenCV CMake 的模块将这些数据保存在 ${OpenCV_INCLUDE_DIRS} 和 ${OpenCV_LIB_DIR} 变量中。并非所有平台（例如 Linux）都需要这些命令行，因为这些路径通常位于环境中，但是建议使用多个 OpenCV 版本来选择正确的链接并包含路径。现在包含我们开发的源文件：

```
# Create a variable called SRC
    SET(SRC main.cpp)
# Create our executable
    ADD_EXECUTABLE(${PROJECT_NAME} ${SRC})
# Link our library
    TARGET_LINK_LIBRARIES(${PROJECT_NAME} ${OpenCV_LIBS})
```

最后一行创建可执行文件，并将可执行文件与 OpenCV 库链接，如上一节中所述。这段代码中有一个新的函数 SET，该函数创建一个新变量，并向其添加我们需要的任何值。在这个例子中，我们将 main.cpp 值合并到 SRC 变量中。我们还可以在同一个变量中添加更多的值，如下面的脚本所示：

```
SET(SRC main.cpp
        utils.cpp
        color.cpp
)
```

2.5 让脚本更复杂

在本节中，我们将要展示一个更复杂的脚本，它包括子文件夹、库和可执行文件。但实际上，该脚本只有两个文件和几行代码，如下例所示。没有必要创建多个 CMakeLists.txt 文件，因为我们可以在主 CMakeLists.txt 文件中指定所有内容。但是，为每个项目子文件夹使用不同的 CMakeLists.txt 文件更为常见，可以使其更加灵活和便携。

这个例子有一个代码结构文件夹，其中包含一个 utils 库文件夹和一个根文件夹，后者包含主可执行文件：

```
CMakeLists.txt
main.cpp
utils/
   CMakeLists.txt
   computeTime.cpp
   computeTime.h
   logger.cpp
   logger.h
   plotting.cpp
   plotting.h
```

然后，我们必须定义两个 CMakeLists.txt 文件，一个在根文件夹中，另一个在 utils 文件夹中。CMakeLists.txt 根文件夹文件具有以下内容：

```
    cmake_minimum_required (VERSION 3.0)
    project (Chapter2)

# Opencv Package required
    FIND_PACKAGE( OpenCV 4.0.0 REQUIRED )

#Add opencv header files to project
    include_directories(${OpenCV_INCLUDE_DIR})
    link_directories(${OpenCV_LIB_DIR})

# Add a subdirectory to the build.
    add_subdirectory(utils)

# Add optional log with a precompiler definition
    option(WITH_LOG "Build with output logs and images in tmp" OFF)
    if(WITH_LOG)
       add_definitions(-DLOG)
    endif(WITH_LOG)

# generate our new executable
    add_executable(${PROJECT_NAME} main.cpp)
# link the project with his dependencies
    target_link_libraries(${PROJECT_NAME} ${OpenCV_LIBS} Utils)
```

除了我们将要解释的一些函数之外，几乎所有的代码行都在前面中有过描述。add_subdirectory() 告诉 CMake 分析所需子文件夹的 CMakeLists.txt。在继续说明主 CMakeLists.txt 文件之前，我们先解释 utils 中的 CMakeLists.txt 文件。

在 utils 文件夹的 CMakeLists.txt 文件中，我们将编写一个将包含在主项目文件夹中的新库：

```
# Add new variable for src utils lib
    SET(UTILS_LIB_SRC
       computeTime.cpp
       logger.cpp
       plotting.cpp
    )
# create our new utils lib
    add_library(Utils ${UTILS_LIB_SRC})
# make sure the compiler can find include files for our library
    target_include_directories(Utils PUBLIC ${CMAKE_CURRENT_SOURCE_DIR})
```

此 CMake 脚本文件定义一个变量 UTILS_LIB_SRC，我们在其中添加库中包含的所有源文件，并使用 add_library 函数生成库，并且使用 target_include_directories 函数以便允许主项目检测所有头文件。离开 utils 子文件夹，继续准备根 CMake 脚本，其中，Option 函数创建一个新的变量，在这个例子中为 WITH_LOG，并附带一小段描述。可以通过 ccmake 命令行或显示描述内容的 CMake GUI 界面更改这个变量，用户还可以通过一个复选框启用或禁用此选项。这个函数非常有用，它使用户能够决定编译时功能，例如，我们是否要启用或禁用日志，是否像 OpenCV 一样使用 Java 或 Python 进行编译，等等。

在这个例子中，我们使用此选项在应用程序中启用记录器。为启用记录器，我们在代码中使用了一个预编译器定义，如下所示：

```
#ifdef LOG
    logi("Number of iteration %d", i);
#endif
```

可以通过调用 add_definitions 函数（-DLOG）在 CMakeLists.txt 中定义这个 LOG 宏，该函数本身可以使用简单条件根据 CMake 变量 WITH_LOG 运行或隐藏：

```
if(WITH_LOG)
   add_definitions(-DLOG)
endif(WITH_LOG)
```

至此，我们就完成了创建 CMake 脚本文件的准备工作，可以在任何操作系统中编译我们的计算机视觉项目。然后，在开始示例工程之前，我们会继续介绍 OpenCV 的基础知识。

2.6 图像和矩阵

毫无疑问，计算机视觉中最重要的结构是图像。计算机视觉中的图像是用数字设备捕获的物理世界的表示。这种图片只是以矩阵格式存储的一系列数字（参见图 2-1）。每个数字是所考虑的波长（例如，彩色图像中的红色、绿色或蓝色）或波长范围（对于全色设备）的光强度的测量结果。图像中的每个点都称为像素（对于图像元素），并且每个像素可以存储一个或多个值，这取决于它是否是仅存储一个值的黑白图像（也称为二进制图像，比如只存储 0 或 1），还是存储两个值的灰度图像，或者是存储三个值的彩色图像。这些值通常在整数 0 ~ 255，但也可以使用其他范围，比如在高动态范围成像（high dynamic range imaging，简称 HDRI）或热图像领域中的浮点数 0 ~ 1。

图像是以矩阵格式存储的，其中的每个像素都有一个位置，并且可以通过列和行的编号来引用。OpenCV 用 Mat 类来达到这个目的。在灰度图像中，使用单个矩阵，如图 2-2 所示。

在如图 2-3 所示的彩色图像中，使用了一个宽度 × 高度 × 颜色通道数的矩阵。

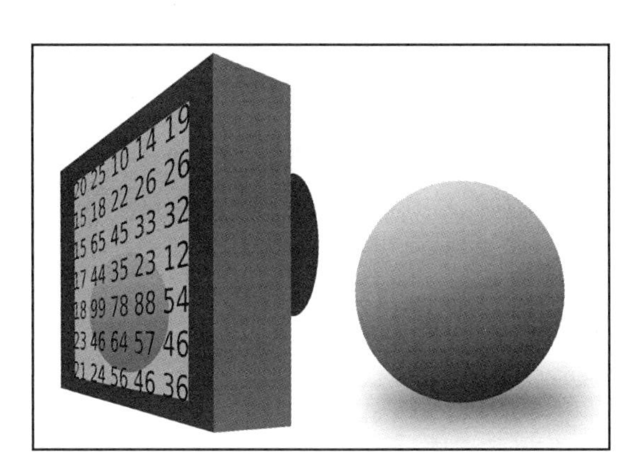

图　2-1

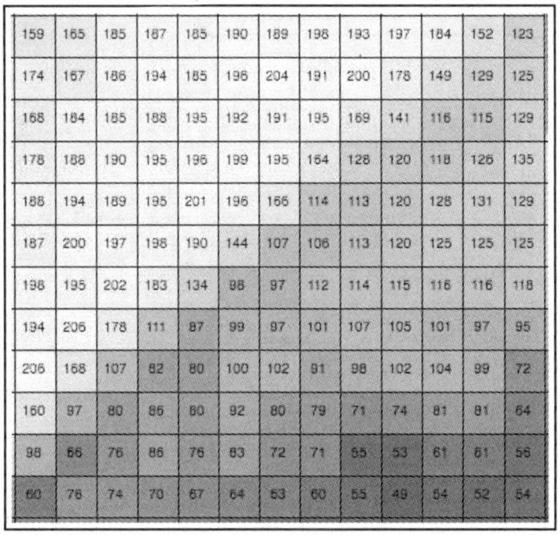

159	165	185	187	185	190	189	198	193	197	184	152	123
174	167	186	194	185	196	204	191	200	178	149	129	125
168	184	185	188	195	192	191	195	169	141	116	115	129
178	188	190	195	196	199	195	164	128	120	118	126	135
188	194	189	195	201	196	166	114	113	120	128	131	129
187	200	197	198	190	144	107	106	113	120	125	125	125
198	195	202	183	134	98	97	112	114	115	116	116	118
194	206	178	111	87	99	97	101	107	105	101	97	95
206	168	107	82	80	100	102	91	98	102	104	99	72
160	97	80	86	80	92	80	79	71	74	81	81	64
98	66	76	86	76	83	72	71	55	53	61	61	56
60	76	74	70	67	64	63	60	55	49	54	52	54

图　2-2

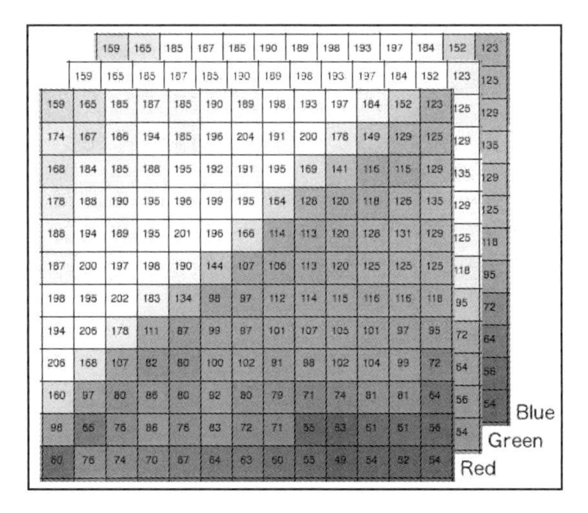

图　2-3

但 Mat 类不仅仅用于存储图像，它还能存储任何类型和不同大小的矩阵。你可以将其用作代数矩阵并用它执行运算。在接下来的内容中，我们将描述最重要的矩阵运算，例如加法、乘法、对角化。但是，在此之前，了解矩阵如何存储在计算机内存中是非常重要的，因为直接访问内存，总比用 OpenCV 函数访问每个像素更加高效。

在内存中，矩阵被保存为按列和行排序的数组或值序列。表 2-1 显示 BGR 图像格式的像素序列。

表 2-1 BGR 图像在内存中的存储格式

Row 0									Row 1									Row 2								
Col 0			Col 1			Col 2			Col 0			Col 1			Col 2			Col 0			Col 1			Col 2		
Pixel 1			Pixel 2			Pixel 3			Pixel 4			Pixel 5			Pixel 6			Pixel 7			Pixel 8			Pixel 9		
B	G	R	B	G	R	B	G	R	B	G	R	B	G	R	B	G	R	B	G	R	B	G	R	B	G	R

按照这个顺序，我们可以通过以下公式来访问任何像素：

```
Value= Row_i*num_cols*num_channels + Col_i + channel_i
```

提示 OpenCV 函数非常适合用于随机访问，但有时直接访问内存（使用指针运算）更有效，例如，当我们必须在循环中访问所有像素时。

2.7 读 / 写图像

在介绍矩阵之后，我们将首先讨论 OpenCV 代码的基础知识。我们要学习的第一件事是如何读 / 写图像：

```
#include <iostream>
#include <string>
#include <sstream>
using namespace std;

// OpenCV includes
#include "opencv2/core.hpp"
#include "opencv2/highgui.hpp"
using namespace cv;

int main(int argc, const char** argv)
{
   // Read images
   Mat color= imread("../lena.jpg");
   Mat gray= imread("../lena.jpg",CV_LOAD_IMAGE_GRAYSCALE);

  if(! color.data ) // Check for invalid input
 {
 cout << "Could not open or find the image" << std::endl ;
 return -1;
 }
```

```
    // Write images
    imwrite("lenaGray.jpg", gray);
    // Get same pixel with opencv function
    int myRow=color.cols-1;
    int myCol=color.rows-1;
    Vec3b pixel= color.at<Vec3b>(myRow, myCol);
    cout << "Pixel value (B,G,R): (" << (int)pixel[0] << "," <<
(int)pixel[1] << "," << (int)pixel[2] << ")" << endl;
    // show images
    imshow("Lena BGR", color);
    imshow("Lena Gray", gray);
    // wait for any key press
    waitKey(0);
    return 0;
}
```

现在我们来理解代码。

```
// OpenCV includes
#include "opencv2/core.hpp"
#include "opencv2/highgui.hpp"
using namespace cv;
```

首先，必须包括例子中需要的函数的声明。这些函数来自 core（基本图像数据处理）和 highgui（OpenCV 提供的跨平台 I/O 函数是 core 和 highgui；第一个包括基本类，比如矩阵，而第二个包括读函数、写函数，以及用图形界面显示图像的函数）。现在读取图像：

```
// Read images
Mat color= imread("../lena.jpg");
Mat gray= imread("../lena.jpg",CV_LOAD_IMAGE_GRAYSCALE);
```

imread 是读取图像的主函数。该函数打开图像，并以矩阵格式存储它。imread 接受两个参数，第一个参数是图像路径字符串，第二个参数是可选的，用于指定要加载的图像类型，默认情况下为彩色图像。第二个参数可以使用以下选项：

- cv::IMREAD_UNCHANGED：如果设置，当输入具有相应的深度时，返回 16 位 / 32 位图像，否则将其转换为 8 位
- cv::IMREAD_COLOR：如果设置，它总是将图像转换为彩色图像（BGR，8 位无符号）
- cv::IMREAD_GRAYSCALE：如果设置，它总是将图像转换为灰度图像（8 位无符号）

要保存图像，可以使用 imwrite 函数，它将矩阵图像存储在计算机中：

```
// Write images
imwrite("lenaGray.jpg", gray);
```

第一个参数是保存图像的路径，以及想要的扩展名格式，第二个参数是要保存的矩阵图像。在这个代码例子中，我们创建并存储图像的灰度版本，然后将其另存为 .jpg 文件。加载的灰度图像将存储在 gray 变量中：

```
// Get same pixel with opencv function
int myRow=color.cols-1;
int myCol=color.rows-1;
```

通过使用矩阵的 .cols 和 .rows 属性，可以访问图像的列数和行数，换句话说，可以访问其宽度和高度：

```
Vec3b pixel= color.at<Vec3b>(myRow, myCol);
cout << "Pixel value (B,G,R): (" << (int)pixel[0] << "," << (int)pixel[1]
<< "," << (int)pixel[2] << ")" << endl;
```

要访问图像的一个像素，可以用 Mat OpenCV 类中的模板函数 cv::Mat::at<typenamet>(row,col)，模板参数是所需的返回类型。8 位彩色图像中的类型名称是 Vec3b 类，它存储三个无符号字符数据（Vec = 向量，3 = 组件数，b = 一个字节）。在灰度图像中，可以直接使用无符号字符，或图像中使用的任何其他数字格式，例如 uchar pixel = color.at<uchar>(myRow,myCol)。最后，为了展示图像，可以使用 imshow 函数，它创建一个窗口，其标题作为第一个参数，图像矩阵作为第二个参数：

```
// show images
imshow("Lena BGR", color);
imshow("Lena Gray", gray);
// wait for any key press
waitKey(0);
```

提示 如果想要停止应用程序以等待用户按键，可以使用 OpenCV 函数 waitKey，其参数为要等待按键的毫秒数。如果将参数设置为 0，那么该函数会一直等待下去，直到用户按下某个键。

前面代码的结果如图 2-4 所示，左边的图像是彩色图像，右边的图像是灰度图像。

图 2-4

最后，我们按以下示例创建 CMakeLists.txt 文件，并使用该文件编译代码。

以下代码描述了 CMakeLists.txt 文件：

```
cmake_minimum_required (VERSION 3.0)
cmake_policy(SET CMP0012 NEW)
PROJECT(project)

# Requires OpenCV
FIND_PACKAGE( OpenCV 4.0.0 REQUIRED )
MESSAGE("OpenCV version : ${OpenCV_VERSION}")

include_directories(${OpenCV_INCLUDE_DIRS})
link_directories(${OpenCV_LIB_DIR})

ADD_EXECUTABLE(sample main.cpp)
TARGET_LINK_LIBRARIES(sample ${OpenCV_LIBS})
```

要使用此 CMakeLists.txt 文件编译代码，必须执行以下步骤：

1. 创建一个 build 文件夹。

2. 在 build 文件夹内，（在 Windows 中）执行 CMake 或打开 CMake GUI 应用程序，选择 source 文件夹和 build 文件夹，然后按下 “Configure”（配置）和 “Generate”（生成）按钮。

3. 如果正在使用 Linux 或 MacOSX，请照常生成 Makefile，然后用 make 命令编译项目。如果正在使用 Windows，请用在步骤 2 中选择的编辑器打开项目，然后进行编译。

在编译应用程序之后，将会在 build 文件夹中生成一个名为 app 的可执行文件。

2.8 读取视频和摄像头

本节将用这个简单示例向你介绍视频和摄像头的读取。在解释如何读取视频或摄像头的输入之前，我们想介绍一个非常有用的新类，它可以帮助我们管理输入命令行参数。这个新类是在 OpenCV 3.0 版中引入的，它就是 CommandLineParser 类：

```
// OpenCV command line parser functions
// Keys accepted by command line parser
const char* keys =
{
   "{help h usage ? | | print this message}"
    "{@video | | Video file, if not defined try to use webcamera}"
};
```

我们必须为 CommandLineParser 做的第一件事是在常量 char 向量中定义我们需要或允许的参数，每一行都采用以下模式：

```
"{name_param | default_value | description}"
```

name_param 可以以 @ 开头，这会将此参数定义为默认输入。我们可以使用多个 name_param：

```
CommandLineParser parser(argc, argv, keys);
```

构造函数将获取 main 函数的输入和先前定义的 key 常量：

```
//If requires help show
if (parser.has("help"))
{
       parser.printMessage();
       return 0;
}
```

.has 类方法检查参数是否存在。在示例中，我们检查用户是否添加参数 help 或？，然后使用类函数 printMessage 显示所有描述参数：

```
String videoFile= parser.get<String>(0);
```

使用 .get<typename>(parameterName) 函数可以访问和读取任何输入参数：

```
// Check if params are correctly parsed in his variables
if (!parser.check())
{
    parser.printErrors();
    return 0;
}
```

获取所有必需的参数以后，即可检查这些参数是否被正确解析，并在其中一个参数未被解析时显示错误消息，例如，添加的是一个字符串而不是一个数字：

```
VideoCapture cap; // open the default camera
if(videoFile != "")
   cap.open(videoFile);
else
   cap.open(0);
if(!cap.isOpened())  // check if we succeeded
   return -1;
```

用于视频读取和摄像头读取的类是相同的 VideoCapture 类，与之前版本的 OpenCV 中一样，它属于 videoio 子模块而不是 highgui 子模块。创建对象后，我们检查输入命令行参数 videoFile 是否有路径文件名。如果它是空的，那么尝试打开网络摄像头；如果它有文件名，则打开视频文件。为此，可以使用 open 函数，将视频文件名或我们要打开的索引摄像头作为参数。如果我们有一个摄像头，可以用 0 作为参数。

要检查是否可以读取视频文件名或摄像头，可以使用 isOpened 函数：

```
namedWindow("Video",1);
for(;;)
{
    Mat frame;
    cap >> frame; // get a new frame from camera
    if(frame)
       imshow("Video", frame);
    if(waitKey(30) >= 0) break;
}
// Release the camera or video cap
cap.release();
```

最后，创建一个窗口，使用 namedWindow 函数和无限循环来显示帧，用 >> 操作抓取每个帧，如果正确地检索到帧，则使用 imshow 函数显示该帧。在这种情况下，我们不想让应用程序停止，但是会调用 waitKey(30) 等待 30 毫秒，以此检查用户是否使用任何键停止应用程序的执行。

提示 使用摄像头访问等待下一帧所需的时间是根据摄像头的速度和我们花费的算法时间计算的。例如，如果摄像头工作在 20 fps，而我们的算法花费 10 毫秒，则一个很好的等待值是 30 =（1000/20）–10 毫秒。该值是通过考虑等待足够长的时间来确保下一帧已经在缓冲区当中来计算的。如果摄像头需要 40 毫秒来拍摄每张图像，并且算法使用了 10 毫秒，那么只需要用 waitKey 30 毫秒来停止，因为 30 毫秒的等待时间加上我们算法的 10 毫秒与摄像头每个帧的访问时间是相同的。

当用户想结束应用程序时，他们所要做的就是按下任意键，然后我们必须使用释放函数释放所有的视频资源。

提示 释放在计算机视觉应用程序中使用的所有资源是非常重要的。如果不这样做，就会消耗掉所有的 RAM。我们可以使用 release 函数释放矩阵。

前面代码的结果是用一个新窗口显示 BGR 格式的视频或网络摄像头。

2.9 其他基本对象类型

我们已经了解了 Mat 和 Vec3b 类，但还有很多类需要学习。

在本节中，我们将学习大多数项目中所需的最基本的对象类型：

- Vec
- Scalar
- Point
- Size
- Rect
- RotatedRect

2.9.1 Vec 对象类型

Vec 是一个主要用于数值向量的模板类。我们可以定义向量的类型和组件的数量：

```
Vec<double,19> myVector;
```

我们还可以使用任何的预定义类型：

```
typedef Vec<uchar, 2> Vec2b;
typedef Vec<uchar, 3> Vec3b;
```

```
typedef Vec<uchar, 4> Vec4b;

typedef Vec<short, 2> Vec2s;
typedef Vec<short, 3> Vec3s;
typedef Vec<short, 4> Vec4s;

typedef Vec<int, 2> Vec2i;
typedef Vec<int, 3> Vec3i;
typedef Vec<int, 4> Vec4i;

typedef Vec<float, 2> Vec2f;
typedef Vec<float, 3> Vec3f;
typedef Vec<float, 4> Vec4f;
typedef Vec<float, 6> Vec6f;

typedef Vec<double, 2> Vec2d;
typedef Vec<double, 3> Vec3d;
typedef Vec<double, 4> Vec4d;
typedef Vec<double, 6> Vec6d;
```

提示 还实现了以下所有向量操作：

```
v1 = v2 + v3
v1 = v2 - v3
v1 = v2 * scale
v1 = scale * v2
v1 = -v2
v1 += v2
```

其他的扩充操作如下：

```
v1 == v2, v1 != v2
norm(v1) (euclidean norm).
```

2.9.2 Scalar 对象类型

Scalar 对象类型是从 Vec 派生的模板类，有四个元素。Scalar 类型在 OpenCV 中广泛用于传递和读取像素值。

要访问 Vec 和 Scalar 值，可以使用 [] 运算符，其初始化可以用传值的方式通过设置另一个标量、向量或值来完成，如下例所示：

```
Scalar s0(0);
Scalar s1(0.0, 1.0, 2.0, 3.0);
Scalar s2(s1);
```

2.9.3 Point 对象类型

另一个非常常见的类模板是 Point。该类定义一个由其坐标 x 和 y 指定的 2D 点。

提示 就像 Point 一样，Point3 模板类用于指定 3D 点。

与 Vec 类一样，OpenCV 为方便起见定义了以下 Point 别名：

```
typedef Point_<int> Point2i;
typedef Point2i Point;
typedef Point_<float> Point2f;
typedef Point_<double> Point2d;
```

OpenCV 为 Point 定义了以下运算符：

```
pt1 = pt2 + pt3;
pt1 = pt2 - pt3;
pt1 = pt2 * a;
pt1 = a * pt2;
pt1 = pt2 / a;
pt1 += pt2;
pt1 -= pt2;
pt1 *= a;
pt1 /= a;
double value = norm(pt); // L2 norm
pt1 == pt2;
pt1 != pt2;
```

2.9.4 Size 对象类型

Size 是另一个非常重要并且在 OpenCV 中广泛使用的模板类，用于指定图像或矩形大小。这个类添加了两个成员 width 和 height，以及有用的 area() 函数。在下面的示例中，我们可以看到许多使用 Size 的方法：

```
Size s(100,100);
Mat img=Mat::zeros(s, CV_8UC1); // 100 by 100 single channel matrix
s.width= 200;
int area= s.area(); returns 100x200
```

2.9.5 Rect 对象类型

Rect 是另一个重要的模板类，用于定义由以下参数定义的 2D 矩形：

- ❑ 左上角的坐标
- ❑ 矩形的宽度和高度

Rect 模板类可用于定义图像的感兴趣区域（Region of Interest，简称 ROI），如下所示：

```
Mat img=imread("lena.jpg");
Rect rect_roi(0,0,100,100);
Mat img_roi=img(r);
```

2.9.6 RotatedRect 对象类型

最后一个有用的类是名为 RotatedRect 的特定矩形。该类表示一个旋转矩形，该矩形由中心点、矩形的宽度和高度以及单位为度的旋转角度指定：

```
RotatedRect(const Point2f& center, const Size2f& size, float angle);
```

这个类的一个有趣的函数是 boundingBox，该函数返回一个包含旋转矩形的 Rect，如图 2-5 所示。

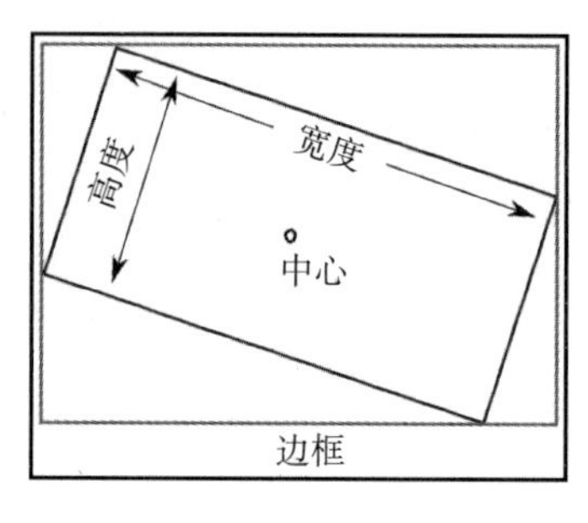

图 2-5

2.10 基本矩阵运算

在本节中，我们将学习一些基本和重要的矩阵运算，这些运算可以应用于图像或任何矩阵数据。我们已经知道如何加载图像并将其存储在变量 Mat 中，此外还可以手动创建 Mat。最常见的构造函数是为矩阵提供大小和类型，如下所示：

```
Mat a= Mat(Size(5,5), CV_32F);
```

提示 你可以通过构造函数 Mat(size,type,pointer_to_buffer) 用来自第三方库的存储缓冲区创建一个新的矩阵链接，而无须复制数据。

受支持的类型取决于要存储的数字类型和通道数，最常见的类型如下：

```
CV_8UC1
CV_8UC3
CV_8UC4
CV_32FC1
CV_32FC3
CV_32FC4
```

提示 你可以使用 CV_number_typeC(n) 创建任何类型的矩阵，其中 number_type 是 8 位无符号 (8U) 到 64 位浮点 (64F)，其中 (n) 是通道数，允许的通道数范围为 1 ~ CV_CN_MAX。

初始化不会设置数据的值，因此可能获得不需要的值。为了避免不需要的值，可以使用 0 或 1 值及其各自的函数来初始化矩阵：

```
Mat mz= Mat::zeros(5,5, CV_32F);
Mat mo= Mat::ones(5,5, CV_32F);
```

前面矩阵的结果如图 2-6 所示。

```
[0, 0, 0, 0, 0;    [1, 1, 1, 1, 1;
 0, 0, 0, 0, 0;     1, 1, 1, 1, 1;
 0, 0, 0, 0, 0;     1, 1, 1, 1, 1;
 0, 0, 0, 0, 0;     1, 1, 1, 1, 1;
 0, 0, 0, 0, 0]     1, 1, 1, 1, 1]
```

图　2-6

一个特殊矩阵初始化是 eye 函数，它可以创建具有指定类型和大小的单位矩阵：

```
Mat m= Mat::eye(5,5, CV_32F);
```

其输出如图 2-7 所示。

```
[1, 0, 0, 0, 0;
 0, 1, 0, 0, 0;
 0, 0, 1, 0, 0;
 0, 0, 0, 1, 0;
 0, 0, 0, 0, 1]
```

图　2-7

OpenCV 的 Mat 类能够执行所有的矩阵运算。我们可以用 + 和 - 运算符来加上或减去两个相同大小的矩阵，如以下代码块所示：

```
Mat a= Mat::eye(Size(3,2), CV_32F);
Mat b= Mat::ones(Size(3,2), CV_32F);
Mat c= a+b;
Mat d= a-b;
```

上述操作的结果如图 2-8 所示。

```
[1, 0, 0;  +  [1, 1, 1;  =  [2, 1, 1;
 0, 1, 0]      1, 1, 1]      1, 2, 1]
[1, 0, 0;  -  [1, 1, 1;  =  [0, -1, -1;
 0, 1, 0]      1, 1, 1]      -1, 0, -1]
```

图　2-8

我们可以用 * 运算符乘以一个标量，或者用 mul 函数乘以矩阵的每个元素，也可以用 * 运算符执行矩阵乘法：

```
Mat m1= Mat::eye(2,3, CV_32F);
Mat m2= Mat::ones(3,2, CV_32F);
// Scalar by matrix
cout << "nm1.*2n" << m1*2 << endl;
// matrix per element multiplication
cout << "n(m1+2).*(m1+3)n" << (m1+1).mul(m1+3) << endl;
// Matrix multiplication
cout << "nm1*m2n" << m1*m2 << endl;
```

上述操作的结果如图 2-9 所示。

```
[1, 0, 0;          [2, 0, 0;
 0, 1, 0]  * 2 =    0, 2, 0]

[2, 1, 1;    [4, 3, 3;    [8, 3, 3;
 1, 2, 1] .*  3, 4, 3]  =  3, 8, 3]

              [1, 1;
[1, 0, 0;      1, 1;  =  [1, 1;
 0, 1, 0]  *   1, 1]      1, 1]
```

图 2-9

其他常见的数学矩阵运算是转置（transposition）和矩阵求逆（matrix inversion），分别由 t() 和 inv() 函数定义。OpenCV 提供的其他有趣的函数是矩阵中的数组运算，例如，计算非零元素。这对于计算对象的像素或区域很有用：

```
int countNonZero(src);
```

OpenCV 提供了一些统计功能，可以使用 meanStdDev 函数计算通道的平均值和标准差：

```
meanStdDev(src, mean, stddev);
```

另一个有用的统计函数是 minMaxLoc，该函数可以查找矩阵或数组的最小值和最大值，并返回位置和值：

```
minMaxLoc(src, minVal, maxVal, minLoc, maxLoc);
```

这里的 src 是输入矩阵，minVal 和 maxVal 是检测到的最小值和最大值，minLoc 和 maxLoc 是检测到的 Point 值。

提示 其他核心和有用的功能在 http://docs.opencv.org/modules/core/doc/core.html 中有详细介绍。

2.11 基本数据存储

在结束本章之前，我们将探讨 OpenCV 用来存储和读取数据的函数。在许多应用程序中（例如校准或机器学习），当我们完成大量计算时，需要保存这些结果，以便在后续操作中检索它们。OpenCV 为此提供了 XML / YAML 持久层。

写入 FileStorage

要把一些 OpenCV 或其他数值数据写入文件，可以用 FileStorage 类，同时要使用流运算符 << 操作 STL 流：

```
#include "opencv2/opencv.hpp"
using namespace cv;
```

```
int main(int, char** argv)
{
   // create our writer
    FileStorage fs("test.yml", FileStorage::WRITE);
    // Save an int
    int fps= 5;
    fs << "fps" << fps;
    // Create some mat sample
    Mat m1= Mat::eye(2,3, CV_32F);
    Mat m2= Mat::ones(3,2, CV_32F);
    Mat result= (m1+1).mul(m1+3);
    // write the result
    fs << "Result" << result;
    // release the file
    fs.release();

    FileStorage fs2("test.yml", FileStorage::READ);

    Mat r;
    fs2["Result"] >> r;
    std::cout << r << std::endl;

    fs2.release();

    return 0;
}
```

要创建保存数据的文件，只需调用构造函数，并提供包含所需扩展名格式的路径文件名（XML 或 YAML），以及第二个要写入的参数集：

```
FileStorage fs("test.yml", FileStorage::WRITE);
```

如果要保存数据，只需在第一步给出一个标识符，然后提供想要保存的矩阵或值，通过这种方式来使用流操作符。例如，要保存 int 变量，只需要编写以下代码行：

```
int fps= 5;
fs << "fps" << fps;
```

否则，可以按如下所示写入 / 保存 mat：

```
Mat m1= Mat::eye(2,3, CV_32F);
Mat m2= Mat::ones(3,2, CV_32F);
Mat result= (m1+1).mul(m1+3);
// write the result
fs << "Result" << result;
```

上述代码的结果是 YAML 格式：

```
%YAML:1.0
fps: 5
Result: !!opencv-matrix
   rows: 2
   cols: 3
   dt: f
   data: [ 8., 3., 3., 3., 8., 3. ]
```

从文件中读取先前保存的文件与 save 函数非常相似：

```
#include "opencv2/opencv.hpp"
using namespace cv;

int main(int, char** argv)
{
   FileStorage fs2("test.yml", FileStorage::READ);
   Mat r;
   fs2["Result"] >> r;
   std::cout << r << std::endl;

   fs2.release();

   return 0;
}
```

第一个阶段是通过调用 FileStorage 构造函数并使用适当的参数、路径和 FileStorage::READ 来打开一个保存的文件：

```
FileStorage fs2("test.yml", FileStorage::READ);
```

要读取任何存储的变量，只需使用公共的流运算符 >> 并使用 FileStorage 对象和带 [] 运算符的标识符：

```
Mat r;
fs2["Result"] >> r;
```

2.12 总结

在本章中，我们学习了 OpenCV 的基础知识和最重要的类型和操作（访问图像和视频），以及它们如何存储在矩阵中。我们还学习了基本的矩阵运算和用于存储像素的其他基本 OpenCV 类、向量等。最后，我们学习了如何将数据保存在文件中，以便在其他应用程序或其他操作中读取它们。

在下一章中，我们将学习如何创建第一个应用程序，从而学习 OpenCV 提供的图形用户界面的基础知识。我们将创建按钮和滑块，并介绍一些图像处理的基础知识。

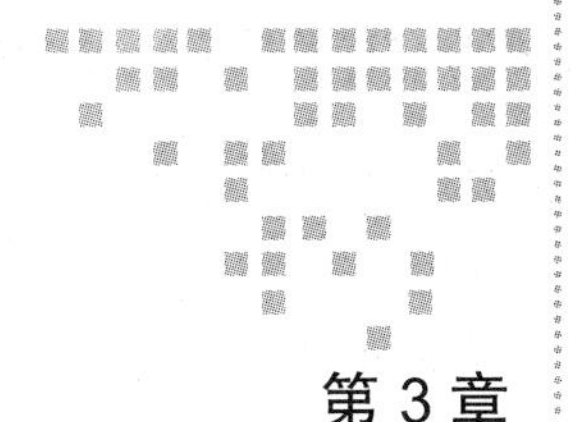

第 3 章 Chapter 3

学习图形用户界面

在第 2 章中，我们学习了 OpenCV 的基本类和结构，以及最重要的类 Mat，还学习了如何读取和保存图像及视频，以及图像在内存中的内部结构。我们现在已准备好使用 OpenCV，但是，在大多数情况下，我们需要使用许多用户界面来显示图像结果，并检索用户与图像的交互。OpenCV 为我们提供了一些基本的用户界面，以便创建应用程序和原型。为了更好地理解用户界面的工作原理，我们将在本章最后创建一个名为 PhotoTool 的小应用程序，在这个应用程序中，我们将学习如何使用滤镜和颜色转换。

本章介绍以下主题：

- OpenCV 基本用户界面
- OpenCV Qt 界面
- 滑块和按钮
- 高级用户界面：OpenGL
- 颜色转换
- 基本滤波器

3.1 技术要求

本章需要熟悉基本的 C++ 编程语言，所使用的所有代码都可以从以下的 GitHub 链接下载：https://github.com/PacktPublishing/Learn-OpenCV-4-By-Building- Projects-Second-Edition/tree/master/Chapter_03。代码可以在任何操作系统上执行，尽管它只在 Ubuntu 上测试过。

3.2 OpenCV 用户界面介绍

OpenCV 拥有自己的跨操作系统用户界面，它使开发人员能够创建自己的应用程序，而无须学习复杂的用户界面库。OpenCV 用户界面是基础性的，但是它为计算机视觉开发人员提供了创建和管理软件开发的基本功能。所有这些功能都是原生的，并针对实时应用进行了优化。

OpenCV 提供两种用户界面选项：

- 基于原生用户界面的基本界面，适用于 Mac OS X 的 cocoa 或 carbon，以及适用于 Linux 或 Windows 用户界面的 GTK，这些界面在编译 OpenCV 时被默认选择。
- 基于 Qt 库的略微更高级的界面，这是跨平台的界面。必须在编译 OpenCV 之前，在 CMake 中手动启用 Qt 选项。

在图 3-1 中，可以看到左侧的基本用户界面窗口，而右侧则是 Qt 用户界面。

图 3-1

3.3 OpenCV 的基本图形用户界面

我们将使用 OpenCV 创建一个基本用户界面。OpenCV 用户界面使我们能够创建窗口，然后在里面添加图像，并移动、调整大小和销毁所添加的图像。用户界面位于 OpenCV 的 highui 模块中。在下面的代码中，我们将学习如何创建和显示两个图像，具体来说，可以在桌面上通过按键来显示多个窗口，并使图像移入这些窗口中。

不要担心阅读完整的代码，我们会用小代码块来逐个解释它：

```
#include <iostream>
#include <string>
#include <sstream>
using namespace std;

// OpenCV includes
#include <opencv2/core.hpp>
#include <opencv2/highgui.hpp>
using namespace cv;

int main(int argc, const char** argv)
{
   // Read images
   Mat lena= imread("../lena.jpg");
   # Checking if Lena image has been loaded
   if (!lena.data) {
 cout << "Lena image missing!" << enld;
 return -1;
   }
   Mat photo= imread("../photo.jpg");
   # Checking if Lena image has been loaded
   if (!photo.data) {
 cout << "Lena image missing!" << enld;
 return -1;
 }
   // Create windows
   namedWindow("Lena", WINDOW_NORMAL);
   namedWindow("Photo", WINDOW_AUTOSIZE);

   // Move window
   moveWindow("Lena", 10, 10);
   moveWindow("Photo", 520, 10);
   // show images
   imshow("Lena", lena);
   imshow("Photo", photo);

   // Resize window, only non autosize
   resizeWindow("Lena", 512, 512);

   // wait for any key press
   waitKey(0);

   // Destroy the windows
   destroyWindow("Lena");
   destroyWindow("Photo");

   // Create 10 windows
   for(int i =0; i< 10; i++)
   {
         ostringstream ss;
         ss << "Photo" << i;
         namedWindow(ss.str());
         moveWindow(ss.str(), 20*i, 20*i);
         imshow(ss.str(), photo);
   }

   waitKey(0);
```

```
    // Destroy all windows
    destroyAllWindows();
    return 0;
}
```

我们来理解这段代码：

1. 为了便于使用图形用户界面，第一项必须完成的任务是导入 OpenCV 的 highui 模块：

```
#include <opencv2/highgui.hpp>
```

2. 完成创建新窗口的准备工作之后，我们必须加载一些图像：

```
// Read images
Mat lena= imread("../lena.jpg");
Mat photo= imread("../photo.jpg");
```

3. 要创建窗口，我们使用 namedWindow 函数。该函数有两个参数。第一个参数是带有窗口名称的常量字符串，第二个参数是我们需要的标志，第二个参数是可选的：

```
namedWindow("Lena", WINDOW_NORMAL);
namedWindow("Photo", WINDOW_AUTOSIZE);
```

4. 在这个例子中，我们创建了两个窗口：第一个叫作 Lena，第二个叫作 Photo。

对于 Qt 和原生界面，默认有三个标志：

- WINDOW_NORMAL：此标志允许用户调整窗口的大小
- WINDOW_AUTOSIZE：如果设置了此标志，则窗口大小为自动调整以适应显示图像，但不能调整窗口的大小
- WINDOW_OPENGL：此标志启用 OpenGL 支持

Qt 有许多额外的标志：

- WINDOW_FREERATIO 或 WINDOW_KEEPRATIO：如果设置了 WINDOW_FREERATIO，则调整图像时不考虑其比例。如果设置了 WINDOW_KEEPRATIO，则根据其比例调整图像。
- WINDOW_GUI_NORMAL 或 WINDOW_GUI_EXPANDED：第一个标志提供没有状态栏和工具栏的基本界面。第二个标志使用状态栏和工具栏来支持最高级的图形用户界面。

提示 如果使用 Qt 编译 OpenCV，默认情况下，我们创建的所有窗口都在展开的界面中，但我们可以添加 CV_GUI_NORMAL 标志使用原生界面和更基本的界面。默认情况下，标志为 WINDOW_AUTOSIZE、WINDOW_KEEPRATIO 和 WINDOW_GUI_EXPANDED。

---

5. 当创建多个窗口时，它们是叠加的，但我们可以使用 moveWindow 函数将窗口移动到桌面的任何区域，如下所示：

```
// Move window
moveWindow("Lena", 10, 10);
moveWindow("Photo", 520, 10);
```

6. 在这段代码中，我们将 Lena 窗口向左移动了 10 个像素，向上移动了 10 个像素，将 Photo 窗口向左移动了 520 个像素，向上移动了 10 个像素。

在使用 imshow 函数显示此前加载的图像之后，我们通过调用 resizeWindow 函数将 Lena 窗口的大小调整为 512 像素，该函数有三个参数：window name、width 和 height。

```
// show images
imshow("Lena", lena);
imshow("Photo", photo);
// Resize window, only non autosize
resizeWindow("Lena", 512, 512);
```

提示　具体的窗口大小是指图像区域，工具栏不计算在内，只有未启用 WINDOW_AUTOSIZE 标志的窗口才能调整大小。

7. 在利用 waitKey 函数等待按键按下之后，我们用 destroyWindow 函数删除这个窗口，其中，窗口的名称是唯一需要的参数：

```
waitKey(0);

// Destroy the windows
destroyWindow("Lena");
destroyWindow("Photo");
```

8. OpenCV 可以通过一次调用删除所创建的所有窗口，该函数称为 destroyAllWindows。为了演示它是如何工作的，我们在样本中创建 10 个窗口，然后等待按键按下。当用户按下任意键时，它就会销毁所有得窗口：

```
 // Create 10 windows
for(int i =0; i< 10; i++)
{
   ostringstream ss;
   ss << "Photo" << i;
   namedWindow(ss.str());
   moveWindow(ss.str(), 20*i, 20*i);
   imshow(ss.str(), photo);
}

waitKey(0);
// Destroy all windows
destroyAllWindows();
```

在任何情况下，OpenCV 都会在应用程序终止时自动销毁所有窗口，因此在我们的应用程序结束时不必调用此函数。

所有这些代码的结果可以在以下图像中看到。首先，它显示两个窗口，如图 3-2 所示。

按下任意键之后，应用程序继续运行，并在不同的位置绘制出几个窗口，如图 3-3 所示。

只需几行代码，我们就可以创建和操作窗口并显示图像。我们现在已经准备好进行用户与图像的交互，并添加用户界面控件。

Lena
Photo

图 3-2

Photo 1
Photo 2
Photo 3
Photo 4
Photo 5
Photo 6
Photo 7
Photo 8
Photo 9

图 3-3

将滑块和鼠标事件添加到界面

鼠标事件和滑块控件在计算机视觉和 OpenCV 中非常有用。使用这些控件，可以直接与界面交互，并改变输入图像或变量的属性。在本节中，我们将介绍用于基本交互的鼠标事件和滑块控件。为了便于正确理解，我们创建了以下代码，通过这些代码，我们将使用鼠标事件在图像中绘制绿色圆圈，并使用滑块对图像进行模糊处理：

```
// Create a variable to save the position value in track
int blurAmount=15;

// Trackbar call back function
static void onChange(int pos, void* userInput);

//Mouse callback
static void onMouse(int event, int x, int y, int, void* userInput);

int main(int argc, const char** argv)
{
   // Read images
   Mat lena= imread("../lena.jpg");
   // Create windows
   namedWindow("Lena");
   // create a trackbar
   createTrackbar("Lena", "Lena", &blurAmount, 30, onChange, &lena);
   setMouseCallback("Lena", onMouse, &lena);

   // Call to onChange to init
   onChange(blurAmount, &lena);
   // wait app for a key to exit
   waitKey(0);
   // Destroy the windows
   destroyWindow("Lena");
   return 0;
}
```

我们来理解这段代码。

首先，创建一个变量来保存滑块位置。我们需要保存滑块位置，以便从其他函数访问它：

```
// Create a variable to save the position value in track
int blurAmount=15;
```

现在，为滑块和鼠标事件定义回调函数，这是 OpenCV 的 setMouseCallback 函数和 createTrackbar 函数必需的：

```
// Trackbar call back function
static void onChange(int pos, void* userInput);

//Mouse callback
static void onMouse(int event, int x, int y, int, void* userInput);
```

在 main 函数中，加载一个图像并创建一个名为 Lena 的新窗口：

```
int main(int argc, const char** argv)
```

```
{
    // Read images
    Mat lena= imread("../lena.jpg");
    // Create windows
    namedWindow("Lena");
```

现在创建滑块。OpenCV 的 createTrackbar 函数用于生成滑块，其参数按顺序如下所示：

1. 跟踪条名称。

2. 窗口名称。

3. 将作为值使用的整数指针。该参数是可选的，如果被设置，则滑块会在创建时获得该位置。

4. 滑块上的最大位置。

5. 滑块位置变化时的回调函数。

6. 要发送到回调函数的用户数据。它可用于在不使用全局变量的情况下将数据发送到回调函数。

对于这段代码，我们为 Lena 窗口添加了 trackbar，然后调用 Lena 跟踪条对图像进行模糊处理。跟踪条的值存储在将会作为指针传递的 blurAmount 整数中，并将跟踪条的最大值设置为 30。把 onChange 设置为回调函数，并将 lena mat 图像作为用户数据发送：

```
// create a trackbar
createTrackbar("Lena", "Lena", &blurAmount, 30, onChange, &lena);
```

滑块创建好以后，当用户单击鼠标左键时，我们添加鼠标事件来绘制圆形。这需要使用 OpenCV 的 setMouseCallback 函数，该函数有三个参数：

- ❑ 获取鼠标事件的窗口名称。
- ❑ 当有任何鼠标交互时调用的回调函数。
- ❑ 用户数据：这是在触发时将要发送给回调函数的任意数据。在这个例子中，我们将会发送整个 Lena 图像。

使用以下代码，可以向 Lena 窗口添加鼠标回调，并将 onMouse 设置为回调函数，从而将 lena mat 图像作为用户数据进行传递：

```
setMouseCallback("Lena", onMouse, &lena);
```

为了完成主函数，需要使用与滑块相同的参数来初始化图像。要执行初始化，只需调用 onChange 回调函数，并在使用 destroyWindow 关闭窗口之前等待事件，如下面的代码所示：

```
// Call to onChange to init
onChange(blurAmount, &lena);
// wait app for a key to exit
waitKey(0);
// Destroy the windows
destroyWindow("Lena");
```

滑块回调函数使用滑块值作为模糊量，将基本的模糊滤镜应用于图像：

```
// Trackbar call back function
static void onChange(int pos, void* userData) {
    if(pos <= 0) return;
    // Aux variable for result
    Mat imgBlur;
    // Get the pointer input image
    Mat* img= (Mat*)userInput;
    // Apply a blur filter
    blur(*img, imgBlur, Size(pos, pos));
    // Show the result
    imshow("Lena", imgBlur);
}
```

该函数使用变量pos来检查滑块值是否为0。在这种情况下，我们不使用过滤器，因为它会生成执行错误，也不能用0像素模糊。检查滑块值后，我们创建一个名为imgBlur的空矩阵来存储模糊结果。要检索通过回调函数中的用户数据发送的图像，必须把void * userData转换为正确的图像类型指针Mat*。

现在我们有了正确的变量来应用模糊滤镜。模糊函数将基本的中值滤波器应用于输入图像，在这个例子中是 * img。对于输出图像，最后需要的参数是想要应用的模糊内核的大小（内核是用于计算内核和图像之间卷积平均值的小矩阵）。在这个例子中使用的是pos大小的平方内核。最后，只需用imshow函数更新图像界面。

鼠标事件的回调函数有五个输入参数：第一个参数定义事件类型，第二个和第三个定义鼠标位置，第四个参数定义滚轮动作，第五个参数定义用户输入数据。

鼠标事件类型如下：

事件类型	描述
EVENT_MOUSEMOVE	当用户移动鼠标时。
EVENT_LBUTTONDOWN	当用户单击鼠标左键时。
EVENT_RBUTTONDOWN	当用户单击鼠标右键时。
EVENT_MBUTTONDOWN	当用户单击鼠标中键时。
EVENT_LBUTTONUP	当用户释放鼠标左键时。
EVENT_RBUTTONUP	当用户释放鼠标右键时。
EVENT_MBUTTONUP	当用户释放鼠标中键时。
EVENT_LBUTTONDBLCLK	当用户双击鼠标左键时。
EVENT_RBUTTONDBLCLK	当用户双击鼠标右键时。
EVENT_MBUTTONDBLCLK	当用户双击鼠标中键时。
EVENTMOUSEWHEEL	当用户用鼠标滚轮进行垂直滚动时。
EVENT_MOUSEHWHEEL	当用户用鼠标滚轮进行水平滚动时。

在这个例子中，我们只处理单击鼠标左键所产生的事件，并且丢弃除EVENT_LBUTTONDOWN之外的任何事件。丢弃其他事件后，用滑块回调获取输入图像，并用OpenCV的circle函数获取图像中的圆：

```
//Mouse callback
static void onMouse(int event, int x, int y, int, void* userInput)
{
   if(event != EVENT_LBUTTONDOWN)
           return;

   // Get the pointer input image
   Mat* img= (Mat*)userInput;
   // Draw circle
   circle(*img, Point(x, y), 10, Scalar(0,255,0), 3);

   // Call on change to get blurred image
   onChange(blurAmount, img);

}
```

3.4 Qt 图形用户界面

Qt 用户界面为我们提供了更多控制和选项来处理图像。

其界面分为以下三个主要区域：

- 工具栏
- 图像区域
- 状态栏

我们可以在图 3-4 中看到这三个区域。图像上面是工具栏，中间是图像区域，底部是状态栏。

图 3-4

工具栏从左到右具有以下按钮：

- 用于平移的四个按钮
- 缩放 x1
- 缩放 x30，显示标签
- 放大
- 缩小
- 保存当前图像
- 显示属性

可以在图 3-5 中清楚地看到这些选项。

图　3-5

图像区域显示图像，并且当我们在图像上按下鼠标右键时显示上下文菜单。这个区域可以使用 displayOverlay 函数在该区域顶部显示叠加消息，该函数接受三个参数：窗口名称、要显示的文本以及显示叠加文本的时间（以毫秒为单位）。如果这个时间设置为 0，则文本永远不会消失：

```
// Display Overlay
displayOverlay("Lena", "Overlay 5secs", 5000);
```

我们可以在图 3-6 中看到前面代码的运行结果。你可以在图像顶部看到一个小黑框，其中包含字符串“Overse 5secs”：

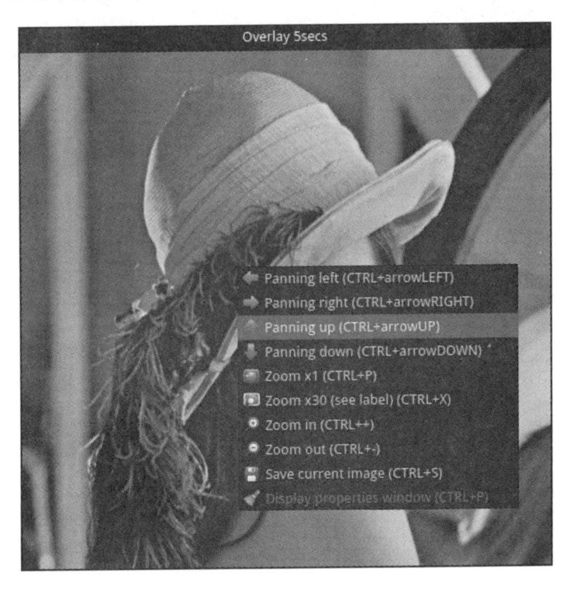

图　3-6

最后，状态栏在窗口的底部显示图像中的像素值和坐标位置，如图 3-7 所示。

图 3-7

我们可以在状态栏中像叠加层一样显示消息，displayStatusBar 函数可以更改状态栏的消息。该函数具有与叠加函数相同的参数：窗口名称、要显示的文本和文本的显示时间，如图 3-8 所示。

图 3-8

将按钮添加到用户界面

在前面的部分中，我们学习了如何创建一般界面或者 Qt 界面，并使用鼠标和滑块与它们进行交互，但我们也可以创建不同类型的按钮。

提示 只有在 Qt 窗口中才支持按钮。

OpenCV Qt 支持的按钮类型如下：

- ❑ 按钮
- ❑ 复选框
- ❑ 单选框

这些按钮仅出现在控制面板中。控制面板是每个程序的独立窗口，我们可以在其中附加按钮和跟踪条。要显示控制面板，我们可以按下最后一个工具栏按钮，右键单击 Qt 窗口的任何部分，并选择“显示属性”窗口，或者用 Ctrl + P 快捷键。让我们用按钮创建一个基本的例子。代码较长，我们首先解释主函数，然后分别解释每个回调函数，以便更好地理解所有内容。以下代码向我们展示生成用户界面的主函数代码：

```
Mat img;
bool applyGray=false;
bool applyBlur=false;
bool applySobel=false;
...
int main(int argc, const char** argv)
{
   // Read images
   img= imread("../lena.jpg");
   // Create windows
   namedWindow("Lena");
   // create Buttons
   createButton("Blur", blurCallback, NULL, QT_CHECKBOX, 0);

   createButton("Gray",grayCallback,NULL,QT_RADIOBOX, 0);
   createButton("RGB",bgrCallback,NULL,QT_RADIOBOX, 1);

   createButton("Sobel",sobelCallback,NULL,QT_PUSH_BUTTON, 0);
   // wait app for a key to exit
   waitKey(0);
   // Destroy the windows
   destroyWindow("Lena");
   return 0;
}
```

我们应用三种类型的滤镜：模糊、Sobel 过滤器以及将颜色转换为灰色。所有这些都是可选的，用户可以使用要创建的按钮选择每一种滤镜。然后，为了获得每个过滤器的状态，我们创建了三个全局布尔变量：

```
bool applyGray=false;
bool applyBlur=false;
bool applySobel=false;
```

在 main 函数中，在加载图像并创建窗口之后，必须使用 createButton 函数来创建每个按钮。

OpenCV 中定义了三种按钮类型：

- QT_CHECKBOX
- QT_RADIOBOX
- QT_PUSH_BUTTON

每个按钮有五个参数，按顺序如下所示：

1. 按钮名称
2. 回调函数

3. 传递给回调函数的用户变量数据的指针
4. 按钮类型
5. 用于复选框和单选框按钮类型的默认初始化状态

然后，创建一个模糊复选框按钮，两个用于颜色转换的单选框按钮，以及一个用于 sobel 过滤器的按钮，如下面的代码所示：

```
// create Buttons
createButton("Blur", blurCallback, NULL, QT_CHECKBOX, 0);

createButton("Gray",grayCallback,NULL,QT_RADIOBOX, 0);
createButton("RGB",bgrCallback,NULL,QT_RADIOBOX, 1);

createButton("Sobel",sobelCallback,NULL,QT_PUSH_BUTTON, 0);
```

这些是 main 函数中最重要的部分。我们将探讨回调（Callback）函数。每个回调函数都会更改其状态变量以调用另一个名为 applyFilters 的函数，以便将激活的过滤器添加到输入图像：

```
void grayCallback(int state, void* userData)
{
   applyGray= true;
   applyFilters();
}
void bgrCallback(int state, void* userData)
{
   applyGray= false;
   applyFilters();
}

void blurCallback(int state, void* userData)
{
   applyBlur= (bool)state;
   applyFilters();
}

void sobelCallback(int state, void* userData)
{
   applySobel= !applySobel;
   applyFilters();
}
```

applyFilters 函数检查每个过滤器的状态变量：

```
void applyFilters(){
   Mat result;
   img.copyTo(result);
   if(applyGray){
         cvtColor(result, result, COLOR_BGR2GRAY);
   }
   if(applyBlur){
         blur(result, result, Size(5,5));
   }
   if(applySobel){
         Sobel(result, result, CV_8U, 1, 1);
```

```
    }
    imshow("Lena", result);
}
```

要将颜色更改为灰色，我们使用 cvtColor 函数，该函数接受三个参数：输入图像、输出图像和颜色转换类型。

最有用的颜色空间转换如下：

- RGB 或 BGR 到灰度 (COLOR_RGB2GRAY, COLOR_BGR2GRAY)
- RGB 或 BGR 到 YcrCb (或 YCC) (COLOR_RGB2YCrCb, COLOR_BGR2YCrCb)
- RGB 或 BGR 到 HSV (COLOR_RGB2HSV, COLOR_BGR2HSV)
- RGB 或 BGR 到 Luv (COLOR_RGB2Luv, COLOR_BGR2Luv)
- 灰度到 RGB 或 BGR (COLOR_GRAY2RGB, COLOR_GRAY2BGR)

可以看到代码很容易记忆。

提示　OpenCV 默认使用 BGR 格式，而 RGB 和 BGR 的颜色转换不同，即使转换为灰度也是如此。一些开发人员认为 R+G+B/3 对于灰度是正确的，但最佳灰度值称为亮度（luminosity），并且具有公式：0.21*R + 0.72*G + 0,07*B。

模糊滤波器已经在前一节中做过描述，最后，如果 applySobel 变量为真，就应用 sobel 滤波器。sobel 滤波器是使用 sobel 算子获得的图像导数，通常用于检测图像边缘。OpenCV 能够生成具有内核大小的不同导数，但最常见的是用于计算 *x* 导数或 *y* 导数的 3x3 内核。

最重要的 sobel 参数如下：

- 输入图像
- 输出图像
- 输出图像深度（CV_8U，CV_16U，CV_32F，CV_64F）
- 导数 *x* 的阶
- 导数 *y* 的阶
- 内核大小（默认值为 3）

要生成 3 × 3 内核和第一个 *x* 阶导数，必须使用以下参数：

```
Sobel(input, output, CV_8U, 1, 0);
```

以下参数用于 *y* 阶导数：

```
Sobel(input, output, CV_8U, 0, 1);
```

在这个例子中，我们同时使用 *x* 和 *y* 导数来重写输入。以下代码段显示如何通过在第四个和第五个参数中添加 1 来同时生成 *x* 和 *y* 导数：

```
Sobel(result, result, CV_8U, 1, 1);
```

同时应用 *x* 和 *y* 导数的结果看起来像应用于 Lena 图片的图 3-9。

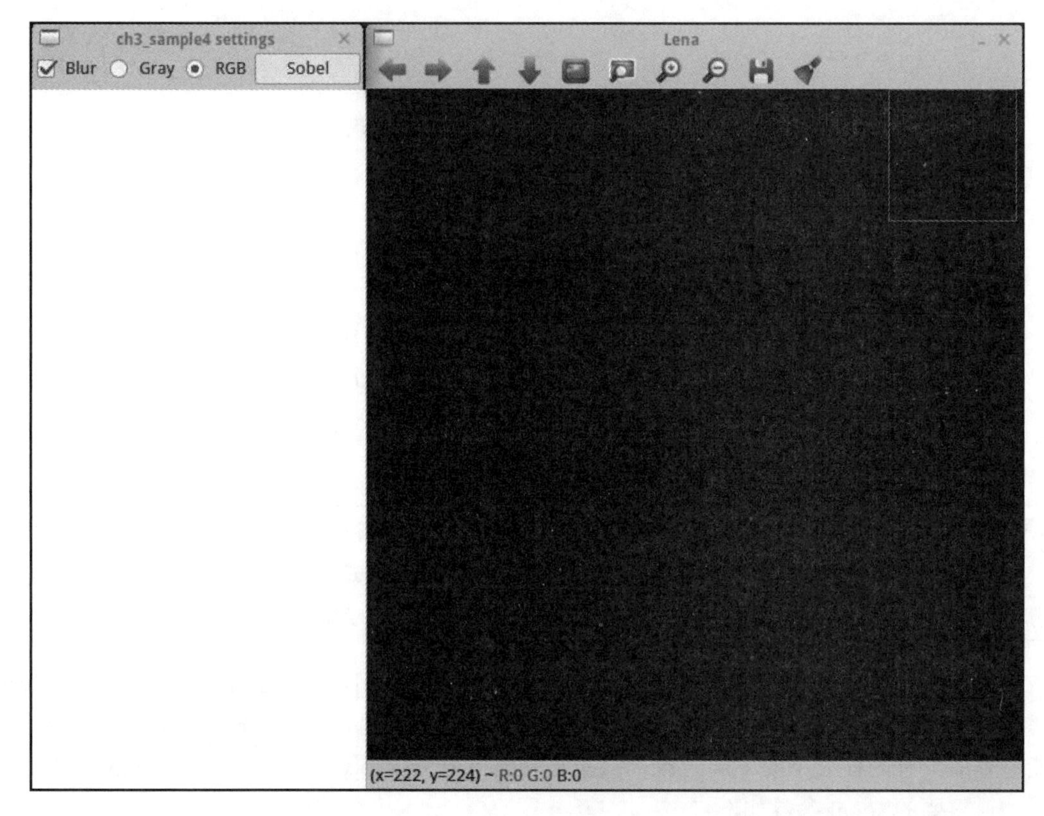

图 3-9

3.5 OpenGL 支持

OpenCV 包括对 OpenGL 的支持。OpenGL 是一个作为标准而集成在几乎所有图形卡中的图形库。OpenGL 能够把 2D 图像绘制成复杂的 3D 场景。由于在许多任务中表现 3D 空间的重要性，OpenCV 包括了对 OpenGL 的支持。要在 OpenGL 中允许支持窗口，必须在调用 namedWindow 创建窗口时设置 WINDOW_OPENGL 标志。

下面的代码创建一个支持 OpenGL 的窗口，并绘制一个旋转平面，我们将在其中显示网络摄像头框架：

```
Mat frame;
GLfloat angle= 0.0;
GLuint texture;
VideoCapture camera;

int loadTexture() {

    if (frame.data==NULL) return -1;
```

```
   glBindTexture(GL_TEXTURE_2D, texture);
   glTexParameteri(GL_TEXTURE_2D,GL_TEXTURE_MAG_FILTER,GL_LINEAR);
   glTexParameteri(GL_TEXTURE_2D,GL_TEXTURE_MIN_FILTER,GL_LINEAR);
   glPixelStorei(GL_UNPACK_ALIGNMENT, 1);

   glTexImage2D(GL_TEXTURE_2D, 0, GL_RGB, frame.cols, frame.rows,0, GL_BGR,
GL_UNSIGNED_BYTE, frame.data);
   return 0;

}

void on_opengl(void* param)
{
    glLoadIdentity();
    // Load frame Texture
    glBindTexture(GL_TEXTURE_2D, texture);
    // Rotate plane before draw
    glRotatef(angle, 1.0f, 1.0f, 1.0f);
    // Create the plane and set the texture coordinates
    glBegin (GL_QUADS);
        // first point and coordinate texture
     glTexCoord2d(0.0,0.0);
     glVertex2d(-1.0,-1.0);
        // second point and coordinate texture
     glTexCoord2d(1.0,0.0);
     glVertex2d(+1.0,-1.0);
        // third point and coordinate texture
     glTexCoord2d(1.0,1.0);
     glVertex2d(+1.0,+1.0);
        // last point and coordinate texture
     glTexCoord2d(0.0,1.0);
     glVertex2d(-1.0,+1.0);
    glEnd();

}
int main(int argc, const char** argv)
{
    // Open WebCam
    camera.open(0);
    if(!camera.isOpened())
        return -1;

    // Create new windows
    namedWindow("OpenGL Camera", WINDOW_OPENGL);
    // Enable texture
    glEnable( GL_TEXTURE_2D );
    glGenTextures(1, &texture);
    setOpenGlDrawCallback("OpenGL Camera", on_opengl);
    while(waitKey(30)!='q'){
        camera >> frame;
        // Create first texture
        loadTexture();
        updateWindow("OpenGL Camera");
        angle =angle+4;
    }
    // Destroy the windows
    destroyWindow("OpenGL Camera");
```

```
    return 0;
}
```

我们一起来理解这段代码!

第一个任务是创建所需的全局变量，用来存储捕获的视频帧并保存帧，然后控制动画角度平面和 OpenGL 纹理：

```
Mat frame;
GLfloat angle= 0.0;
GLuint texture;
VideoCapture camera;
```

在主函数中，必须打开摄像机以检索拍摄的帧：

```
camera.open(0);
    if(!camera.isOpened())
        return -1;
```

如果摄相机正确打开，则使用 WINDOW_OPENGL 标志创建支持 OpenGL 的窗口：

```
// Create new windows
namedWindow("OpenGL Camera", WINDOW_OPENGL);
```

在这个例子中，我们想在平面中绘制来自网络摄像头的图像，因此，需要启用 OpenGL 纹理：

```
// Enable texture
glEnable(GL_TEXTURE_2D);
```

现在，我们已准备好在窗口中用 OpenGL 进行绘制，但是需要像典型的 OpenGL 应用程序一样设置绘制 OpenGL 回调。OpenCV 提供了带有两个参数的 setOpenGLDrawCallback 函数，其参数是窗口名称和回调函数：

```
setOpenGlDrawCallback("OpenGL Camera", on_opengl);
```

在定义 OpenCV 窗口和回调函数之后，需要创建一个循环来加载纹理，并更新调用 OpenGL 绘图回调的窗口内容，最后更新角度位置。要更新窗口内容，我们用 OpenCV 函数更新窗口，并用窗口名称作为参数：

```
while(waitKey(30)!='q'){
        camera >> frame;
        // Create first texture
        loadTexture();
        updateWindow("OpenGL Camera");
        angle =angle+4;
    }
```

当用户按下 Q 键时进入循环。在编译示例应用程序之前，我们需要定义 loadTexture 函数和 on_opengl 回调绘制函数。loadTexture 函数将 Mat 帧转换为 OpenGL 纹理图像，这样就可以在每个回调绘图中加载和使用。在将图像作为纹理加载之前，必须确保在帧矩阵中有数据，即检查数据变量对象是否为空：

```
if (frame.data==NULL) return -1;
```

如果帧矩阵中有数据，那么可以创建 OpenGL 纹理绑定，并将 OpenGL 纹理参数设置为线性插值：

```
glGenTextures(1, &texture);

glBindTexture(GL_TEXTURE_2D, texture);
    glTexParameteri(GL_TEXTURE_2D,GL_TEXTURE_MAG_FILTER,GL_LINEAR);
    glTexParameteri(GL_TEXTURE_2D,GL_TEXTURE_MIN_FILTER,GL_LINEAR);
```

现在，必须定义像素如何存储在矩阵中，以及如何使用 OpenGL glTexImage2D 函数生成像素。非常重要的是，要注意 OpenGL 默认使用 RGB 格式，而 OpenCV 默认使用 BGR 格式，因此必须在此函数中设置正确的格式：

```
glPixelStorei(GL_UNPACK_ALIGNMENT, 1);
glTexImage2D(GL_TEXTURE_2D, 0, GL_RGB, frame.cols, frame.rows,0, GL_BGR,
GL_UNSIGNED_BYTE, frame.data);
    return 0;
```

现在，当我们在主循环中调用 updateWindow 时，只需在每个回调上完成平面绘制。我们使用常见的 OpenGL 函数，然后加载标识 OpenGL 矩阵以重置之前的所有更改：

```
glLoadIdentity();
```

我们还必须加载帧纹理：

```
// Load Texture
glBindTexture(GL_TEXTURE_2D, texture);
```

在绘制平面之前，将所有变换应用到场景中。在这个例子中，我们将在 1,1,1 轴上旋转平面：

```
// Rotate plane
glRotatef(angle, 1.0f, 1.0f, 1.0f);
```

现在，场景已被正确设置，可以绘制平面了，我们将绘制四边形面（具有四个顶点的面），并用 glBegin（GL_QUADS）来实现：

```
// Create the plane and set the texture coordinates
    glBegin (GL_QUADS);
```

接下来，我们将绘制一个以 0,0 位置为中心的平面，其大小为 2 个单位。然后用 glTextCoord2D 和 glVertex2D 函数定义要使用的纹理坐标和顶点位置：

```
    // first point and coordinate texture
 glTexCoord2d(0.0,0.0);
 glVertex2d(-1.0,-1.0);
    // seccond point and coordinate texture
 glTexCoord2d(1.0,0.0);
 glVertex2d(+1.0,-1.0);
    // third point and coordinate texture
 glTexCoord2d(1.0,1.0);
 glVertex2d(+1.0,+1.0);
    // last point and coordinate texture
 glTexCoord2d(0.0,1.0);
 glVertex2d(-1.0,+1.0);
    glEnd();
```

> 提示 这个 OpenGL 代码已经过时，但它可以用来更好地理解 OpenCV 与 OpenGL 的集成，而无须复杂的 OpenGL 代码。想要了解现代 OpenGL，可以阅读 Packt Publishing 出版的 *Introductionto Modern OpenGL*。

我们可以在图 3-10 中看到结果。

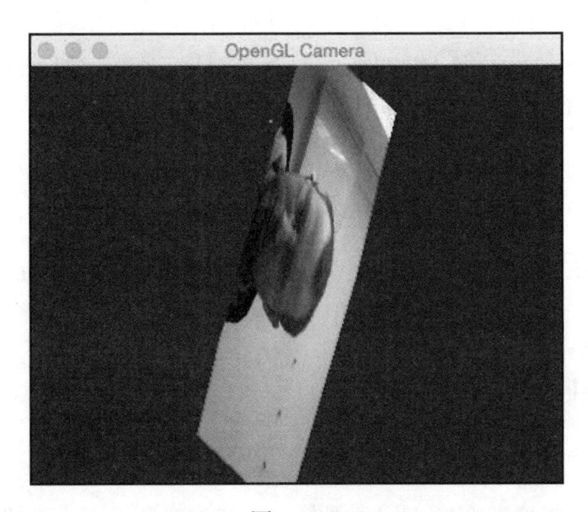

图 3-10

3.6 总结

在这一章中，我们学习了如何使用 OpenGL 创建不同类型的用户界面来显示图像或 3D 界面，学习了如何创建滑块和按钮或绘制 3D。还学习了原生 OpenCV 的一些基本图像处理过滤器，但也有新的开源替代品，它们能够添加更多功能，比如 cvui（https://dovyski.github.io/cvui/）或 OpenCVGUI（https://damiles.github.io/OpenCVGUI/）。

在下一章中，我们将构建一个完整的照片工具应用程序，并将应用到目前为止学过的所有知识。我们将学习如何通过图形用户界面将多个过滤器应用于输入图像。

第 4 章 Chapter 4

深入研究直方图和滤波器

在上一章中，我们学习了 Qt 库或 OpenCV 原生库中的用户界面的基础知识，还学习了如何使用高级 OpenGL 用户界面。之后，学习了基本的颜色转换以及过滤器，并创建了第一个应用程序。

本章介绍以下主题：

- 直方图和直方图均衡
- 查找表
- 模糊和中位数模糊
- Canny 过滤器
- 图像 - 颜色均衡
- 图像类型之间的转换

在学习了 OpenCV 和用户界面的基础知识后，我们将在这一章中创建第一个完整的应用程序（一个基本的照片工具），并涵盖以下主题：

- 生成 CMake 脚本文件
- 创建图形用户界面
- 计算和绘制直方图
- 直方图均衡
- Lomography 相机效果
- 卡通化效果

该应用程序将帮助我们了解如何从头开始创建整个项目并理解直方图概念。我们将看到如何使用过滤器和查找表的组合来均衡彩色图像的直方图，并创建两个效果。

4.1 技术要求

本章要求熟悉 C++ 编程语言的基础知识，所使用的所有代码都可以从以下 GitHub 链接下 载：https://github.com/PacktPublishing/Learn-OpenCV-4-By-Building-Projects-Second-Edition/tree/master/Chapter_04。代码可以在任何操作系统上执行，但它仅在 Ubuntu 上进行过测试。

4.2 生成 CMake 脚本文件

在开始创建源文件之前，我们将生成 CMakeLists.txt 文件，用于编译、构建和执行项目。以下 CMake 脚本虽然简单而且基础，但足以编译并生成可执行文件：

```
cmake_minimum_required (VERSION 3.0)

PROJECT(Chapter4_Phototool)

set (CMAKE_CXX_STANDARD 11)

# Requires OpenCV
FIND_PACKAGE( OpenCV 4.0.0 REQUIRED )
MESSAGE("OpenCV version : ${OpenCV_VERSION}")

include_directories(${OpenCV_INCLUDE_DIRS})
link_directories(${OpenCV_LIB_DIR})

ADD_EXECUTABLE(${PROJECT_NAME} main.cpp)
TARGET_LINK_LIBRARIES(${PROJECT_NAME} ${OpenCV_LIBS})
```

第一行表示生成项目所需的最小 CMake 版本，第二行设置可以用作 ${PROJECT_NAME} 变量的项目名称，第三行设置所需的 C++ 版本，在这个例子中，我们需要 C++11 版本，如以下代码段所示：

```
cmake_minimum_required (VERSION 3.0)

PROJECT(Chapter4_Phototool)

set (CMAKE_CXX_STANDARD 11)
```

此外，我们还需要 OpenCV 库。首先需要找到该库，然后使用 MESSAGE 函数显示关于找到的 OpenCV 库版本的消息：

```
# Requires OpenCV
FIND_PACKAGE( OpenCV 4.0.0 REQUIRED )
MESSAGE("OpenCV version : ${OpenCV_VERSION}")
```

如果找到最小版本为 4.0 的库，就在项目中包含头文件和库文件：

```
include_directories(${OpenCV_INCLUDE_DIRS})
link_directories(${OpenCV_LIB_DIR})
```

现在，我们只需添加源文件即可编译并与 OpenCV 库链接。项目名称变量用作可执行文件名称，我们只使用单个源文件 main.cpp：

```
ADD_EXECUTABLE(${PROJECT_NAME} main.cpp)
TARGET_LINK_LIBRARIES(${PROJECT_NAME} ${OpenCV_LIBS})
```

4.3　创建图形用户界面

在开始应用图像处理算法之前，需要先为应用程序创建主用户界面。我们将使用基于 Qt 的用户界面来创建单个按钮，应用程序将接收一个输入参数来加载要处理的图像，此外，我们将创建四个按钮，如下所示：

- Show histogram
- Equalize histogram
- Lomography effect
- Cartoonize effect

可以在图 4-1 中看到这四个结果。

图　4-1

现在，我们开始开发项目。首先，包含 OpenCV 必需的头文件，并定义一个图像矩阵来存储输入图像，然后创建一个常量字符串来使用从 OpenCV 3.0 开始已有的新命令行解析器，在这个常量中，我们只允许两个输入参数，即 help 和所需的图像输入：

```
// OpenCV includes
#include "opencv2/core/utility.hpp"
#include "opencv2/imgproc.hpp"
#include "opencv2/highgui.hpp"
using namespace cv;
// OpenCV command line parser functions
// Keys accepted by command line parser
const char* keys =
{
   "{help h usage ? | | print this message}"
    "{@image | | Image to process}"
};
```

main 函数以命令行解析器变量开头，接下来，设置 about 指令并打印帮助消息。这一行设置最终可执行文件的帮助说明：

```
int main(int argc, const char** argv)
{
   CommandLineParser parser(argc, argv, keys);
    parser.about("Chapter 4. PhotoTool v1.0.0");
    //If requires help show
    if (parser.has("help"))
   {
       parser.printMessage();
       return 0;
   }
```

如果用户不需要帮助，则必须在 imgFile 变量字符串中获取图像文件路径，并使用 parser.check() 函数检查是否添加了所有必需参数：

```
String imgFile= parser.get<String>(0);

// Check if params are correctly parsed in his variables
if (!parser.check())
{
    parser.printErrors();
    return 0;
}
```

现在，就可以用 imread 函数读取图像文件了，然后使用 namedWindow 函数创建一个窗口，之后将用于显示输入图像：

```
// Load image to process
Mat img= imread(imgFile);

// Create window
namedWindow("Input");
```

加载图像并创建窗口以后，只需为界面创建按钮并将它们与回调函数链接起来，每个回调函数都在源代码中定义，我们将在本章后面解释这些函数。我们将用 createButton 函数创建按钮，该函数中的 QT_PUSH_BUTTON 常量为按钮样式：

```
// Create UI buttons
createButton("Show histogram", showHistoCallback, NULL, QT_PUSH_BUTTON, 0);
createButton("Equalize histogram", equalizeCallback, NULL, QT_PUSH_BUTTON,
0);
```

```
createButton("Lomography effect", lomoCallback, NULL, QT_PUSH_BUTTON, 0);
createButton("Cartoonize effect", cartoonCallback, NULL, QT_PUSH_BUTTON,
0);
```

以下代码显示输入图像并等待按键，就此完成我们的应用程序：

```
// Show image
imshow("Input", img);

waitKey(0);
return 0;
```

现在，只需定义每个回调函数，在接下来的内容中，我们将完成这些定义。

4.4　绘制直方图

直方图是变量分布的统计图形表示，它让我们能够理解数据的密度估计和概率分布。直方图是通过将整个变量值范围划分为小的值范围，然后计算每个间隔中落入多少个值来创建的。

如果将这个直方图概念应用于图像，似乎很难理解，但实际上非常简单。在灰度图像中，变量值的范围是每个可能的灰度值（0 ~ 255），密度是具有该值的图像像素数量。这意味着必须计算值为 0 的图像像素数量，值为 1 的像素数量，依此类推。

用于显示输入图像直方图的回调函数是 showHistoCallback，该函数计算每个通道图像的直方图，并在新图像中显示每个直方图通道的结果。

现在，请看以下代码：

```
void showHistoCallback(int state, void* userData)
{
    // Separate image in BRG
    vector<Mat> bgr;
    split(img, bgr);

    // Create the histogram for 256 bins
    // The number of possibles values [0..255]
    int numbins= 256;

    /// Set the ranges for B,G,R last is not included
    float range[] = { 0, 256 } ;
    const float* histRange = { range };

    Mat b_hist, g_hist, r_hist;

    calcHist(&bgr[0], 1, 0, Mat(), b_hist, 1, &numbins, &histRange);
    calcHist(&bgr[1], 1, 0, Mat(), g_hist, 1, &numbins, &histRange);
    calcHist(&bgr[2], 1, 0, Mat(), r_hist, 1, &numbins, &histRange);

    // Draw the histogram
    // We go to draw lines for each channel
    int width= 512;
    int height= 300;
```

```
    // Create image with gray base
    Mat histImage(height, width, CV_8UC3, Scalar(20,20,20));

    // Normalize the histograms to height of image
    normalize(b_hist, b_hist, 0, height, NORM_MINMAX);
    normalize(g_hist, g_hist, 0, height, NORM_MINMAX);
    normalize(r_hist, r_hist, 0, height, NORM_MINMAX);

    int binStep= cvRound((float)width/(float)numbins);
    for(int i=1; i< numbins; i++)
    {
        line(histImage,
                Point( binStep*(i-1), height-cvRound(b_hist.at<float>(i-1)
)),
                Point( binStep*(i), height-cvRound(b_hist.at<float>(i) )),
                Scalar(255,0,0)
            );
        line(histImage,
                Point(binStep*(i-1), height-
cvRound(g_hist.at<float>(i-1))),
                Point(binStep*(i), height-cvRound(g_hist.at<float>(i))),
                Scalar(0,255,0)
            );
        line(histImage,
                Point(binStep*(i-1), height-
cvRound(r_hist.at<float>(i-1))),
                Point(binStep*(i), height-cvRound(r_hist.at<float>(i))),
                Scalar(0,0,255)
            );
    }

    imshow("Histogram", histImage);

}
```

我们现在来理解如何提取每个通道直方图以及如何绘制它。首先，需要创建 3 个矩阵来处理每个输入图像通道。我们用向量类型变量来存储每个通道，并用 OpenCV 的 split 函数将输入图像划分成这 3 个通道：

```
// Separate image in BRG
    vector<Mat> bgr;
    split(img, bgr);
```

现在，定义直方图的区间数，在我们的例子中，每个可能的像素值对应一个区间：

```
int numbins= 256;
```

定义变量范围并创建 3 个矩阵来存储每个直方图：

```
/// Set the ranges for B,G,R
float range[] = {0, 256} ;
const float* histRange = {range};

Mat b_hist, g_hist, r_hist;
```

可以使用 OpenCV 的 calcHist 函数计算直方图。此函数具有按下列顺序输入的多个参数：

- 输入图像：在这个例子中，使用存储在 bgr 向量中的一个图像通道。
- 用于计算直方图的输入图像数：在这个例子中，我们只使用 1 个图像。
- 用于计算直方图的数字通道尺寸：在这个例子中，我们使用 0。
- 可选的掩码矩阵。
- 用于存储计算得到的直方图的变量。
- 直方图维度：这是图像（此处为灰度平面）取值的空间维度，在这个示例中为 1。
- 要计算的区间数：在这个例子中为 256 个区间（bin），每个像素值一个区间。
- 输入变量的范围：在这个例子中，是可能的像素值，范围是 0 ~ 255。

用于每个通道的 calcHist 函数如下所示：

```
calcHist(&bgr[0], 1, 0, Mat(), b_hist, 1, &numbins, &histRange );
calcHist(&bgr[1], 1, 0, Mat(), g_hist, 1, &numbins, &histRange );
calcHist(&bgr[2], 1, 0, Mat(), r_hist, 1, &numbins, &histRange );
```

在计算每个通道直方图之后，还要绘制它并显示给用户。为此，创建一个 512 × 300 像素大小的彩色图像：

```
// Draw the histogram
// We go to draw lines for each channel
int width= 512;
int height= 300;
// Create image with gray base
Mat histImage(height, width, CV_8UC3, Scalar(20,20,20));
```

在把直方图值绘制到图像中之前，我们会在最小值 0 和最大值之间标准化直方图矩阵，最大值与输出直方图图像的高度相同：

```
// Normalize the histograms to height of image
normalize(b_hist, b_hist, 0, height, NORM_MINMAX);
normalize(g_hist, g_hist, 0, height, NORM_MINMAX);
normalize(r_hist, r_hist, 0, height, NORM_MINMAX);
```

现在，我们从区间 0 到区间 1 绘制一条线，依此类推。之后，计算有多少像素在每个区间之间，然后，通过将宽度除以区间数来计算 binStep 变量。从水平位置 i-1 到 i 绘制每条小线，垂直位置是相应的 i 中的直方图值，并使用彩色通道表示来绘制它：

```
int binStep= cvRound((float)width/(float)numbins);
    for(int i=1; i< numbins; i++)
    {
        line(histImage,
                Point(binStep*(i-1), height-
cvRound(b_hist.at<float>(i-1))),
                Point(binStep*(i), height-cvRound(b_hist.at<float>(i))),
                Scalar(255,0,0)
            );
        line(histImage,
                Point(binStep*(i-1), height-
cvRound(g_hist.at<float>(i-1))),
                Point( binStep*(i), height-cvRound(g_hist.at<float>(i))),
                Scalar(0,255,0)
            );
```

```
        line(histImage,
                Point(binStep*(i-1), height-
cvRound(r_hist.at<float>(i-1))),
                Point( binStep*(i), height-cvRound(r_hist.at<float>(i))),
                Scalar(0,0,255)
            );
    }
```

最后，用 imshow 函数显示直方图图像：

```
imshow("Histogram", histImage);
```

图 4-2 是 lena.png 图像的结果。

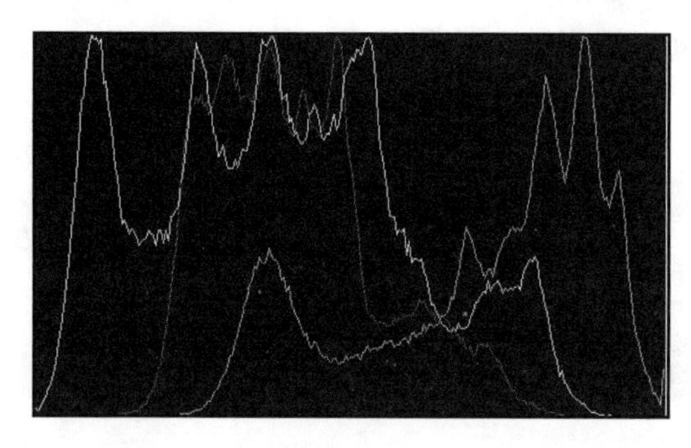

图 4-2

4.5 图像颜色均衡

在本节中，我们将学习如何均衡彩色图像。图像均衡（即直方图均衡化）试图获得具有均匀分布值的直方图。均衡的结果是图像对比度的增加。均衡能够使对比度较低的局部区域获得高对比度，从而分散最频繁的强度。当图像非常暗或者非常亮，并且背景和前景之间存在非常小的差异时，此方法非常有用。通过使用直方图均衡化，可以增加对比度，并提升暴露过度或暴露不足的细节。该技术在医学图像（例如 X 射线）中非常有用。

然而，这种方法有两个主要缺点：背景噪声的增加以及随之而来的有用信号的减少。我们可以在图 4-3 的照片中看到均衡的效果，并且在增加图像对比度时，直方图会发生变化和扩散。

现在来实现均衡直方图，我们将在用户界面代码中定义的 Callback 函数中实现它：

```
void equalizeCallback(int state, void* userData)
{
    Mat result;
    // Convert BGR image to YCbCr
    Mat ycrcb;
    cvtColor(img, ycrcb, COLOR_BGR2YCrCb);

    // Split image into channels
```

```
    vector<Mat> channels;
    split(ycrcb, channels);
    // Equalize the Y channel only
    equalizeHist(channels[0], channels[0]);

    // Merge the result channels
    merge(channels, ycrcb);

    // Convert color ycrcb to BGR
    cvtColor(ycrcb, result, COLOR_YCrCb2BGR);

    // Show image
    imshow("Equalized", result);
}
```

图　4-3

为了均衡彩色图像，只需均衡亮度通道。可以用每个颜色通道执行该操作，但结果不能使用。另外，可以用任何其他彩色图像格式（例如 HSV 或 YCrCb）来分离单个通道中的亮度分量。因此，我们选择 YCrCb 并用 Y 通道（亮度）进行均衡，具体操作步骤如下：

1. 用 cvtColor 函数将 BGR 图像转换或者输入为 YCrCb：

```
Mat result;
// Convert BGR image to YCbCr
Mat ycrcb;
cvtColor(img, ycrcb, COLOR_BGR2YCrCb);
```

2. 将 YCrCb 图像拆分为不同的通道矩阵：

```
// Split image into channels
vector<Mat> channels;
split(ycrcb, channels);
```

3. 用 equalizeHist 函数只均衡在 Y 通道中的直方图，该函数只有两个参数：输入和输出矩阵：

```
// Equalize the Y channel only
equalizeHist(channels[0], channels[0]);
```

4. 合并生成的通道并将其转换为 BGR 格式，向用户显示结果：

```
// Merge the result channels
merge(channels, ycrcb);

// Convert color ycrcb to BGR
cvtColor(ycrcb, result, COLOR_YCrCb2BGR);

// Show image
imshow("Equalized", result);
```

用以上过程处理低对比度的 Lena 图像，将得到如图 4-4 所示的结果。

图 4-4

4.6 Lomography 效果

在本节中，我们将创建另一种图像效果，这是一种在不同的移动应用程序中非常常见的照片效果，例如在 Google 相机或 Instagram 中。我们将会发现如何使用查找表（LUT），稍后将在同一部分里面介绍 LUT。还要学习如何添加一个过度图像，在这里是一个黑暗的光环，以创建我们想要的效果。实现此效果的函数是 lomoCallback 回调，它具有以下代码：

```
void lomoCallback(int state, void* userData)
{
    Mat result;
    const double exponential_e = std::exp(1.0);
    // Create Look-up table for color curve effect
    Mat lut(1, 256, CV_8UC1);
    for (int i=0; i<256; i++)
    {
        float x= (float)i/256.0;
        lut.at<uchar>(i)= cvRound( 256 * (1/(1 + pow(exponential_e, -
((x-0.5)/0.1)) )) );
    }
    // Split the image channels and apply curve transform only to red
channel
    vector<Mat> bgr;
    split(img, bgr);
    LUT(bgr[2], lut, bgr[2]);
    // merge result
    merge(bgr, result);
    // Create image for halo dark
    Mat halo(img.rows, img.cols, CV_32FC3, Scalar(0.3,0.3,0.3) );
    // Create circle
    circle(halo, Point(img.cols/2, img.rows/2), img.cols/3, Scalar(1,1,1),
-1);
    blur(halo, halo, Size(img.cols/3, img.cols/3));
    // Convert the result to float to allow multiply by 1 factor
    Mat resultf;
    result.convertTo(resultf, CV_32FC3);
    // Multiply our result with halo
    multiply(resultf, halo, resultf);
    // convert to 8 bits
    resultf.convertTo(result, CV_8UC3);

    // show result
    imshow("Lomography", result);
}
```

我们来看一下 Lomography 效果是如何工作的，以及如何实现它。Lomography 效果分为不同的步骤，但在这个例子中，我们做了一个非常简单的 Lomography 效果，有两个步骤：

1. 通过使用查找表将一个曲线应用于红色通道来实现颜色操作效果
2. 通过对图像应用暗晕来实现复古效果

第一步是通过使用以下函数，利用曲线变换来操纵红色：

$$\frac{1}{1+e^{-\frac{x-0.5}{s}}}$$

这个公式生成了一条让暗值更暗、亮值更亮的曲线，其中 x 是可能的像素值（0 ~ 255），s 是常量，在示例中设置为 0.1。较低的常量值会生成低于 128 的像素值，从而产生非常暗的效果，超过 128 则非常明亮。接近 1 的值会将曲线转换为直线，并且不会产生我们想要的效果，如图 4-5 所示。

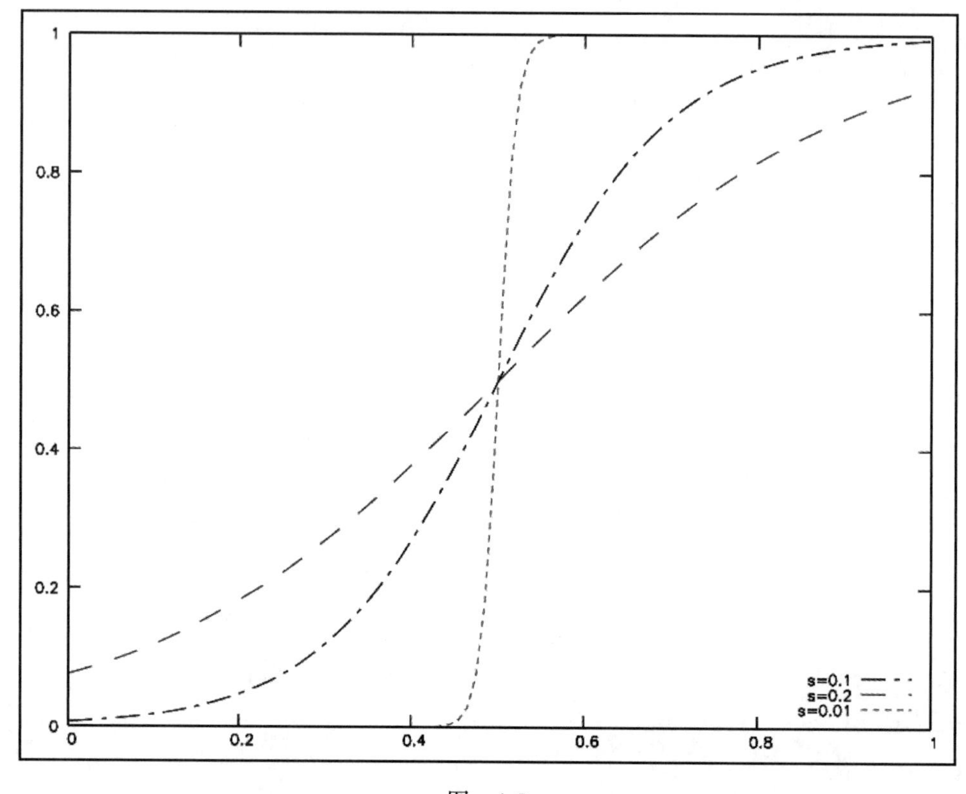

图 4-5

通过使用 LUT，该功能非常容易实现。LUT 是向量或表，它返回给定值的预处理值，以便在存储器中执行计算。LUT 是一种常用的技术，用于通过避免重复执行耗时的计算来节省 CPU 周期。我们不对每个像素调用 exponential/divide 函数，而是只对每个可能的像素值执行一次（256 次），并将结果存储在表中。因此，我们以少量内存为代价节省了 CPU 时间。虽然这在具有小图像尺寸的标准 PC 上可能没有太大的区别，但对于具有 CPU 限制的硬件（例如 Raspberry Pi）来说，差异就非常明显了。

例如，在这个例子中，如果想对图像中的每个像素调用一次函数，那么必须执行次数为宽度 × 高度的操作。例如，在 100×100 像素中，将有 10 000 次计算。如果可以预先计算所有可能输入的所有可能结果，我们就能够创建 LUT 表。在图像中，仅有 256 个可能的值作为像素值。如果想通过调用函数来改变颜色，可以预先计算 256 个值并将它们保存在 LUT 向量中。在这个示例代码中，我们定义 *E* 变量并创建 1 行和 256 列的 lut 矩阵。然后，通过应用公式并将其保存到 lut 变量来对所有可能的像素值进行循环：

```
const double exponential_e = std::exp(1.0);
// Create look-up table for color curve effect
Mat lut(1, 256, CV_8UC1);
Uchar* plut= lut.data;
```

```
for (int i=0; i<256; i++)
{
    double x= (double)i/256.0;
    plut[i]= cvRound( 256.0 * (1.0/(1.0 + pow(exponential_e, -
((x-0.5)/0.1)) )) );
}
```

正如在本节前面提到的，我们不会将该功能应用于所有通道，因此，需要使用 split 函数按通道分割输入图像：

```
// Split the image channels and apply curve transform only to red channel
vector<Mat> bgr;
split(img, bgr);
```

然后将 lut 表变量应用于红色通道。OpenCV 为我们提供了 LUT 函数，它有三个参数：

- ❑ 输入图像
- ❑ 查找表的矩阵
- ❑ 输出图像

然后，按如下所示调用 LUT 函数处理红色通道：

```
LUT(bgr[2], lut, bgr[2]);
```

现在，只需要合并所计算的通道：

```
// merge result
merge(bgr, result);
```

第一步完成后，我们只需创建黑暗光环即可完成效果。然后，创建一个内部带有白色圆圈的灰色图像，大小与输入图像相同：

```
 // Create image for halo dark
 Mat halo(img.rows, img.cols, CV_32FC3, Scalar(0.3,0.3,0.3));
 // Create circle
 circle(halo, Point(img.cols/2, img.rows/2), img.cols/3, Scalar(1,1,1),
-1);
```

看下面的截图，如图 4-6 所示。

如果将此图像应用于输入图像，将得到从黑暗变为白色的强烈变化，因此，可以使用 blur 滤镜函数对圆光晕图像应用大模糊，以获得平滑效果，如图 4-7 所示。

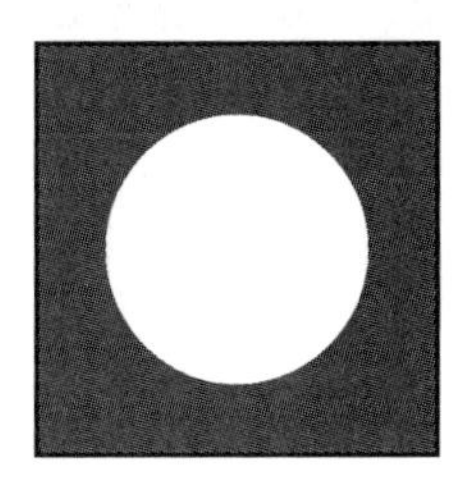

图　4-6

图　4-7

现在，如果我们必须将这个光环应用于步骤 1 中的图像，一个简单的方法是将两个图像相乘。但是，必须把输入图像从 8 位图像转换为 32 位浮点数，因为需要把具有 0 ~ 1 范围值的模糊图像与具有整数值的输入图像相乘。以下代码可实现这一操作：

```
// Convert the result to float to allow multiply by 1 factor
Mat resultf;
result.convertTo(resultf, CV_32FC3);
```

转换图像后，只需将每个元素的每个矩阵相乘：

```
// Multiply our result with halo
multiply(resultf, halo, resultf);
```

最后，将浮点图像矩阵结果转换为 8 位图像矩阵：

```
// convert to 8 bits
resultf.convertTo(result, CV_8UC3);

// show result
imshow("Lomograpy", result);
```

将会看到如图 4-8 所示的结果。

图 4-8

4.7 卡通效果

本章的最后一部分要创建另一种效果，称为卡通化。这种效果的目的是创建一个看起来像卡通的图像。为此，把算法分为两个步骤：边缘检测和颜色过滤。

cartoonCallback 函数定义了这种效果，其代码如下：

```
void cartoonCallback(int state, void* userData)
{
    /** EDGES **/
    // Apply median filter to remove possible noise
    Mat imgMedian;
    medianBlur(img, imgMedian, 7);

    // Detect edges with canny
    Mat imgCanny;
    Canny(imgMedian, imgCanny, 50, 150);
    // Dilate the edges
    Mat kernel= getStructuringElement(MORPH_RECT, Size(2,2));
    dilate(imgCanny, imgCanny, kernel);

    // Scale edges values to 1 and invert values
    imgCanny= imgCanny/255;
    imgCanny= 1-imgCanny;
    // Use float values to allow multiply between 0 and 1
    Mat imgCannyf;
    imgCanny.convertTo(imgCannyf, CV_32FC3);

    // Blur the edgest to do smooth effect
    blur(imgCannyf, imgCannyf, Size(5,5));

    /** COLOR **/
    // Apply bilateral filter to homogenizes color
    Mat imgBF;
    bilateralFilter(img, imgBF, 9, 150.0, 150.0);

    // truncate colors
    Mat result= imgBF/25;
    result= result*25;

    /** MERGES COLOR + EDGES **/
    // Create a 3 channles for edges
    Mat imgCanny3c;
    Mat cannyChannels[]={ imgCannyf, imgCannyf, imgCannyf};
    merge(cannyChannels, 3, imgCanny3c);
    // Convert color result to float
    Mat resultf;
    result.convertTo(resultf, CV_32FC3);

    // Multiply color and edges matrices
    multiply(resultf, imgCanny3c, resultf);

    // convert to 8 bits color
    resultf.convertTo(result, CV_8UC3);

    // Show image
    imshow("Result", result);

}
```

第一步是检测图像最重要的边缘。我们需要在检测边缘之前从输入图像中去除噪声，有几种方法可以做到这一点。我们将用中值滤波器来消除所有可能的小噪声，但也可以用其他方法，例如高斯模糊。OpenCV 中的该函数是 medianBlur，它接受三个参数：输入图像、输出图像和内核大小（内核是一个小矩阵，用于对图像应用某些数学运算，例如卷积运算）：

```
Mat imgMedian;
medianBlur(img, imgMedian, 7);
```

在消除任何可能的噪声后，用 Canny 过滤器检测强边缘：

```
// Detect edges with canny
Mat imgCanny;
Canny(imgMedian, imgCanny, 50, 150);
```

Canny 过滤器接受以下参数：

- 输入图像
- 输出图像
- 第一阈值
- 第二阈值
- Sobel 尺寸光圈
- 布尔值，用于表示是否需要使用更准确的图像梯度幅度

第一阈值和第二阈值之间的最小值用于边缘链接，最大值用于查找强边缘的初始段，Sobel 尺寸光圈是将在算法中使用的 Sobel 滤波器的内核大小。检测到边缘后，用一个小的扩张来连接断开的边缘：

```
// Dilate the edges
Mat kernel= getStructuringElement(MORPH_RECT, Size(2,2));
dilate(imgCanny, imgCanny, kernel);
```

与我们在 Lomography 效果中所做的类似，如果需要将边缘的结果图像与彩色图像相乘，则需要像素值处在 0 ~ 1 范围内。为此，将 canny 边缘检测结果除以 256 并将边缘反转为黑色：

```
// Scale edges values to 1 and invert values
imgCanny= imgCanny/255;
imgCanny= 1-imgCanny;
```

还要将 canny 8 位无符号像素格式转换为浮点矩阵：

```
// Use float values to allow multiply between 0 and 1
Mat imgCannyf;
imgCanny.convertTo(imgCannyf, CV_32FC3);
```

为了给出一个很酷的结果，可以模糊边缘，而为了给出平滑的结果线，可以应用 blur 滤镜：

```
// Blur the edgest to do smooth effect
blur(imgCannyf, imgCannyf, Size(5,5));
```

算法的第一步已经完成，现在就要处理颜色。为了获得卡通外观，我们使用 bilateral

滤镜：

```
// Apply bilateral filter to homogenizes color
Mat imgBF;
bilateralFilter(img, imgBF, 9, 150.0, 150.0);
```

bilateral 滤镜是一种滤波器，它可以在保持边缘的同时降低图像的噪声。通过适当的参数，能够得到卡通效果。

bilateral 滤镜的参数如下：

- ❑ 输入图像
- ❑ 输出图像
- ❑ 像素邻域直径。如果它设置为负，则从 Sigma 空间值计算它
- ❑ Sigma 色值
- ❑ Sigma 坐标空间

提示　直径大于 5 时，bilateral 滤镜开始变慢。当 Sigma 值大于 150 时，会出现卡通效果。

为了创建更强大的卡通效果，通过乘以和除以像素值将可能的颜色值截断为 10：

```
// truncate colors
Mat result= imgBF/25;
result= result*25;
```

最后，必须合并颜色和边缘结果。然后，创建一个三通道图像，如下所示：

```
// Create a 3 channles for edges
Mat imgCanny3c;
Mat cannyChannels[]={ imgCannyf, imgCannyf, imgCannyf};
merge(cannyChannels, 3, imgCanny3c);
```

我们可以把颜色结果图像转换为 32 位浮点图像，然后将两个图像的每个元素相乘：

```
// Convert color result to float
Mat resultf;
result.convertTo(resultf, CV_32FC3);

// Multiply color and edges matrices
multiply(resultf, imgCanny3c, resultf);
```

最后，只需将图像转换为 8 位，然后将结果图像显示给用户：

```
// convert to 8 bits color
resultf.convertTo(result, CV_8UC3);

// Show image
imshow("Result", result);
```

在如图 4-9 所示的屏幕截图中，我们可以看到输入图像（左图）和应用了卡通效果的结果（右图）。

图 4-9

4.8 总结

在本章中，我们介绍了如何创建一个完整的项目，以及通过应用不同的效果来操作图像。还将彩色图像分割成多个矩阵，将效果只应用于一个通道。我们还介绍了如何创建查找表、将多个矩阵合并为一个矩阵、使用 Canny 和 bilateral 滤镜、绘制圆圈和图像相乘以获得光环效果。

在下一章中，我们将学习如何进行对象检查，以及如何把图像分割成不同的部分并进行检测。

第5章 Chapter 5

自动光学检查、对象分割和检测

在第4章中，我们介绍了直方图和滤波器，它们让我们能够处理图像并创建照片应用程序。

在本章中，我们将介绍对象分割和检测的基本概念，这意味着隔离图像中出现的对象以供将来处理和分析。

本章介绍以下主题：

- 噪声消除
- 光/背景去除基础知识
- 阈值
- 用于对象分割的连通组件
- 对象分割中的轮廓查找

许多行业都会使用复杂的计算机视觉系统和硬件。计算机视觉技术可以用于检测问题并最大限度地减少生产过程中产生的错误，从而提高最终产品的质量。

在这个领域，计算机视觉任务的名称是自动光学检查（AOI）。这个名称出现在印刷电路板制造商的工作流程中，在那里，一个或多个摄像机会扫描每个电路，检测严重故障和质量缺陷。这种命名法被用于其他制造业，这样人们就可以用光学相机系统和计算机视觉算法来提高产品质量。如今，取决于具体要求，使用不同相机类型（红外或3D相机）的光学检查技术以及复杂的算法正在成千上万的行业中应用于不同的目的，例如缺陷检测、分类等。

5.1 技术要求

本章要求读者熟悉基本的C++编程语言，所使用的所有代码都可以从以下GitHub链接下载：https://github.com/PacktPublishing/Learn-OpenCV-4-By-Building- Projects-Second-Edition/tree/master/Chapter_05。代码可以在任何操作系统上执行，尽管只在 Ubuntu 上做过测试。

5.2 隔离场景中的对象

在本章中，我们将介绍 AOI 算法的第一步，并尝试隔离场景中的不同部分或对象。我们将以三种对象类型（螺钉、垫圈和螺母）的对象检测和分类为例，并在本章和第 6 章中进行开发。

想象一下，我们所在的公司生产这三种对象，所有对象都在同一载带上。我们的目标是检测载带中的每个对象，并对每个对象进行分类，以便让机器人把每个对象放在正确的架子上，如图 5-1 所示。

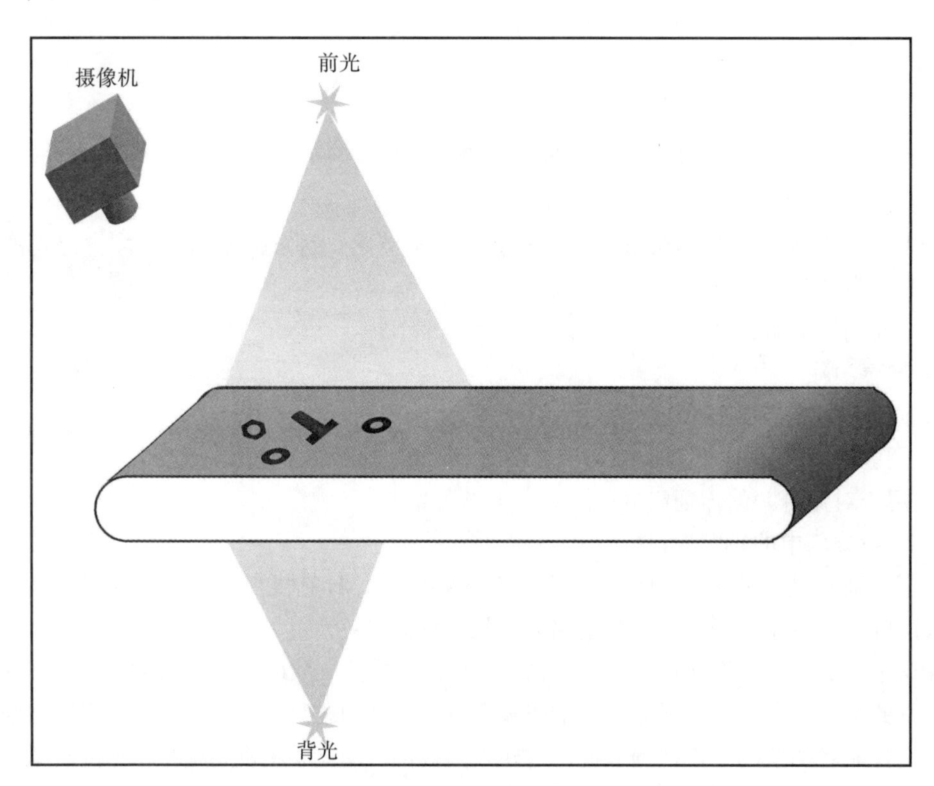

图 5-1

在本章中，我们将学习如何隔离每个对象，并以像素为单位检测其在图像中的位置。在下一章中，我们将学习如何对每个孤立的对象进行分类，以识别它是螺母、螺钉还是垫圈。

如图 5-2 所示的屏幕截图显示了我们想要的结果，左图中有几个对象。在右图中，以不同的颜色绘制每个对象，并显示不同的特征，如面积、高度、宽度和轮廓尺寸。

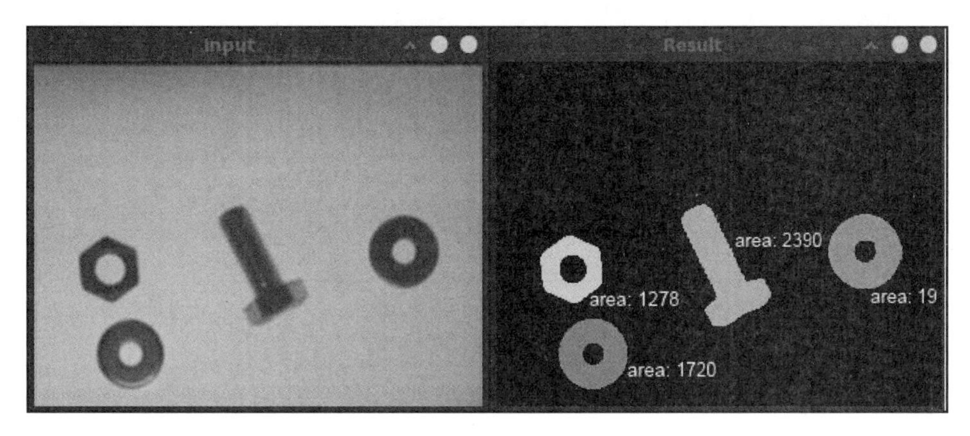

图　5-2

为了得到这个结果，我们将执行不同的步骤，以便能够更好地理解和组织算法。可以在图 5-3 中看到这些步骤。

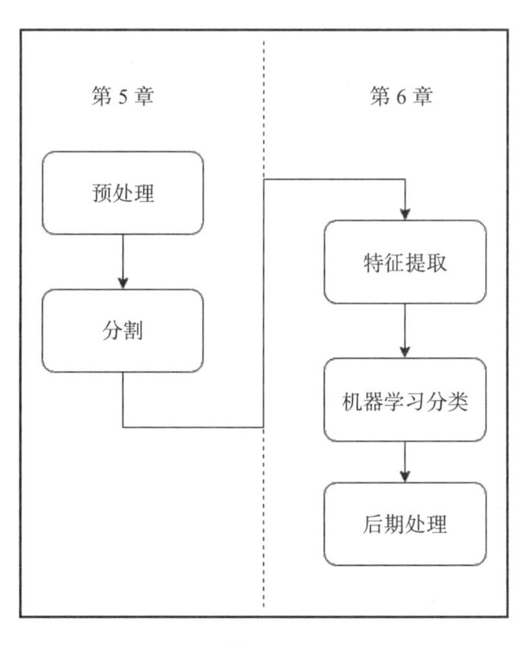

图　5-3

应用程序将分为两章。在本章中，我们要开发和理解预处理和分割步骤。在第 6 章中，我们会提取每个分割对象的特征，并训练机器学习系统 / 算法识别每个对象类。

预处理步骤分为三个子集：

- 噪声消除
- 光消除
- 二值化

在分割步骤中，会用到两种不同的算法：

- 轮廓检测
- 连通组件提取（标签）

可以在下图 5-4 看到这些步骤和应用程序流程。

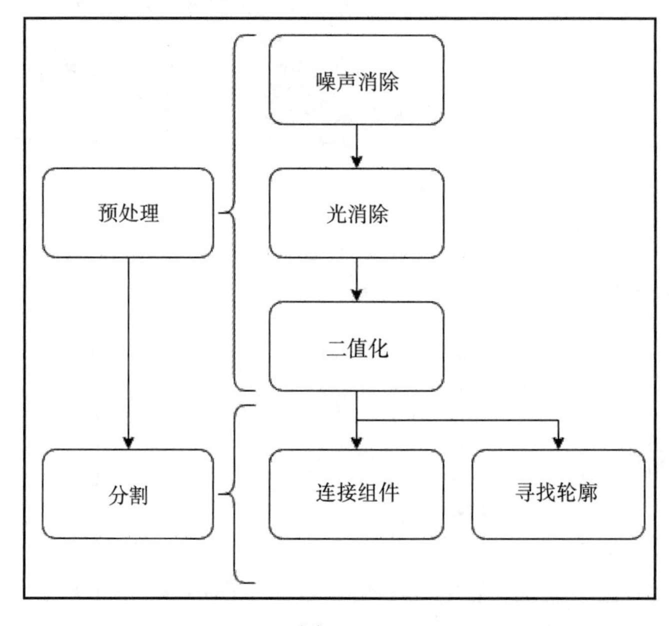

图 5-4

现在开始执行预处理步骤，这样我们就可以通过去除噪声和光照效果来获得最佳的二值化图像，这个步骤可以最大程度减少任何可能的检测错误。

5.3 为 AOI 创建应用程序

要创建新的应用程序，需要一些输入参数。当用户执行应用程序时，所有这些参数都是可选的，但不包括要处理的输入图像。输入参数如下：

- 要处理的输入图像
- 光图像模式
- 光操作，用户可以选择减法或除法运算
- 如果用户将值设置为 0，则采用差异操作
- 如果用户将值设置为 1，则采用除法运算

- 分割，用户可以在有或没有统计信息的情况下在连通组件之间进行选择，并找到画轮廓线的方法
- 如果用户设置输入值为 1，则采用用于分割的连通组件方法
- 如果用户设置输入值为 2，则采用具有统计区域的连通组件方法
- 如果用户设置输入值为 3，则将查找轮廓方法应用于分割

要启用此用户选择，需要使用命令行解析器类（command line parser）和以下键：

```
// OpenCV command line parser functions
// Keys accepted by command line parser
const char* keys =
{
  "{help h usage ? | | print this message}"
   "{@image || Image to process}"
   "{@lightPattern || Image light pattern to apply to image input}"
   "{lightMethod | 1 | Method to remove background light, 0 difference, 1
div }"
   "{segMethod | 1 | Method to segment: 1 connected Components, 2 connected
components with stats, 3 find Contours }"
};
```

我们将通过检查参数的方式在 main 函数中使用命令行解析器类，该类在第 2 章的读取视频和摄像机部分做过解释：

```
int main(int argc, const char** argv)
{
  CommandLineParser parser(argc, argv, keys);
  parser.about("Chapter 5. PhotoTool v1.0.0");
  //If requires help show
  if (parser.has("help"))
  {
      parser.printMessage();
      return 0;
  }

  String img_file= parser.get<String>(0);
  String light_pattern_file= parser.get<String>(1);
  auto method_light= parser.get<int>("lightMethod");
  auto method_seg= parser.get<int>("segMethod");
  // Check if params are correctly parsed in his variables
  if (!parser.check())
  {
      parser.printErrors();
      return 0;
  }
```

解析完命令行用户数据之后，需要加载图像并检查它是否有数据：

```
// Load image to process
  Mat img= imread(img_file, 0);
  if(img.data==NULL){
    cout << "Error loading image "<< img_file << endl;
    return 0;
  }
```

现在可以开始创建 AOI 分割，首先执行预处理任务。

5.4 预处理输入图像

本节介绍一些最常用的技术，用于对象分割 / 检测场景中的图像预处理。预处理是我们在开始处理新图像并从中提取所需信息之前，对它进行的第一次改变。通常，在预处理步骤中，我们会尝试最大程度减少由于相机镜头引起的图像噪声、光线条件或图像变形。在检测图像中的对象或片段时，这些步骤可以最大限度地减少错误。

5.4.1 噪声消除

如果不去除噪声，就会检测到比预期更多的对象，因为噪声通常表示为图像中的小点，并且可以被分割为对象。传感器和扫描仪电路通常会产生这种噪声。这种亮度或颜色的变化可以用不同的类型表示，例如高斯噪声、尖峰噪声和散粒噪声。

有不同的技术可用于消除噪声。在这里，我们将会使用平滑操作，但根据噪声的类型，有些方法要比其他方法更好。中值滤波器通常用于去除椒盐噪声，例如，以图 5-5 像为例。

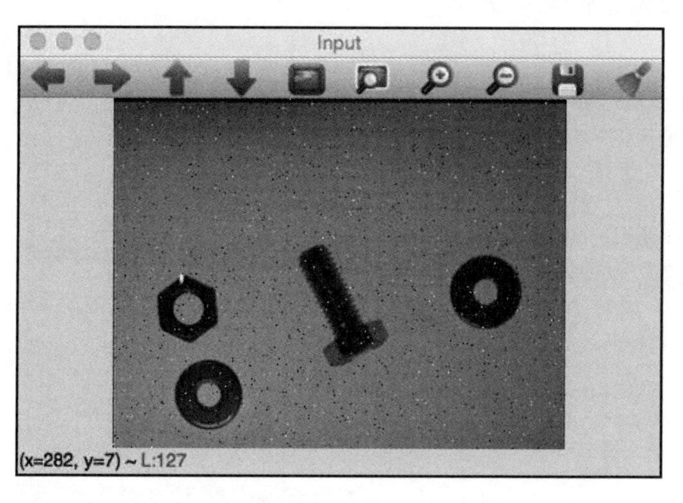

图 5-5

上面的图像是带有椒盐噪声的原始输入。如果采用中值模糊，我们会得到一个很好的结果：丢失小的细节。例如，丢掉了螺丝的边界，但保持了完美的边缘，参见图 5-6 中的结果。

如果采用盒式滤波器或高斯滤波器，噪声不会被消除，但会变得平滑，并且对象的细节也会丢失和变得平滑，请参见图 5-7。

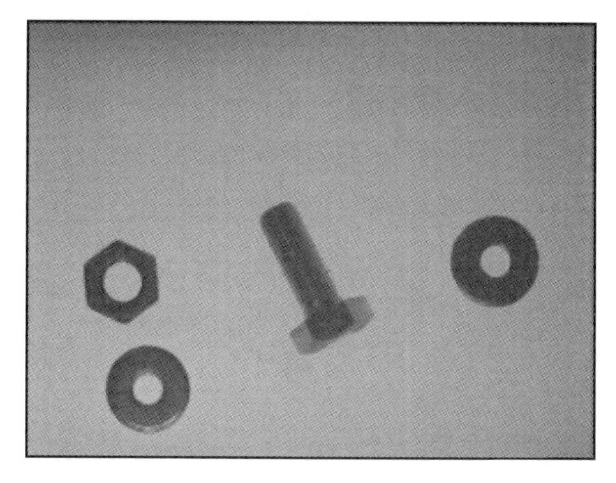

图　5-6

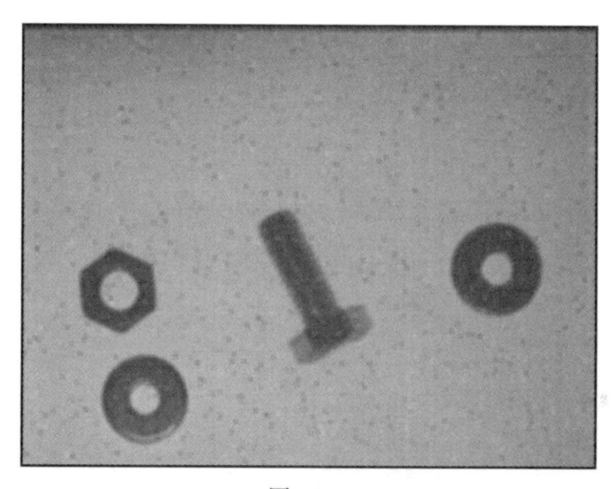

图　5-7

OpenCV 为我们提供了中值模糊函数 medianBlur，它需要三个参数：

- 带有 1、3 或 4 通道的输入图像。当内核大小大于 5 时，图像深度只能是 CV_8U。
- 输出图像，它是具有与输入相同类型和深度并应用了中值模糊算法的结果图像。
- 内核大小，它是孔径大于 1 的奇数，例如 3、5、7 等。

以下代码用于消除噪声：

```
Mat img_noise;
medianBlur(img, img_noise, 3);
```

5.4.2　用光模式移除背景进行分割

在本节中，我们将开发一个基本算法，以便能够使用光模式移除背景，这种预处理可以提供更好的分割效果。没有噪声的输入图像如图 5-8 所示。

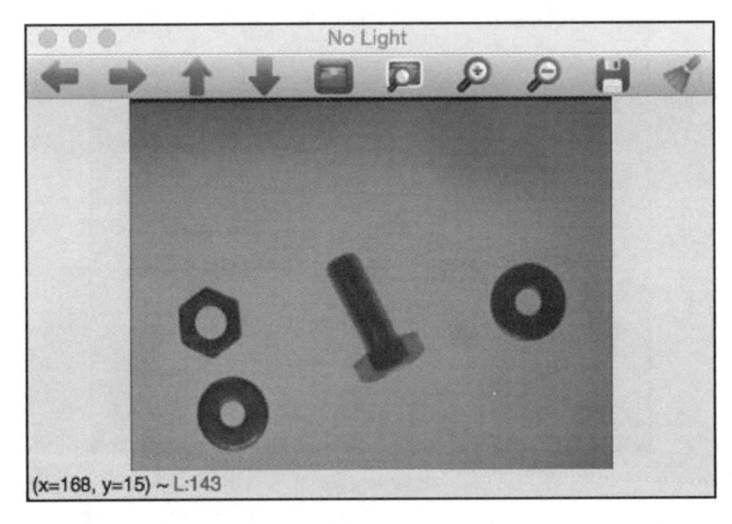

图 5-8

如果采用基本阈值，将获得如图 5-9 所示的图像结果。

图 5-9

我们可以看到图 5-9 的图像伪影有很多白噪声。如果采用光模式和背景去除技术，可以获得一个非常棒的结果，去掉图像顶部的伪影，就像之前的阈值操作一样，这在必须执行分割时会获得更好的结果。我们可以在图 5-10 中看到背景移除和阈值处理的结果。

现在，该如何从图像中移除光？这很简单：只需要一张没有任何对象的场景图片，该图片从完全相同的位置并在拍摄其他图像的相同光照条件下拍摄。这是 AOI 中非常常见的技术，因为这样的外部条件受到监督且众所周知。在我们的案例中，图像结果类似于图 5-11。

图　5-10

图　5-11

现在，用简单的数学运算就可以去除这种光模式，有两种方法可以去掉它：

- 减法
- 除法

减法操作是最简单的方法。如果我们有光模式 L 和图像 I，则得到的去除结果 R 是它们的差：

```
R= L-I
```

这里的除法有点复杂，但同时又很简单。如果我们有光模式矩阵 L 和图像矩阵 I，则得到的去除结果 R 如下：

```
R= 255*(1-(I/L))
```

在这种情况下，将图像除以光模式，并且我们假设如果光模式是白色并且对象比背景载带更暗，则图像像素值总是等于或小于光像素值。从 I/L 获得的结果在 0 ~ 1 之间。最后，将该除法的结果反转以获得相同的颜色方向范围，并将它乘以 255 以获得 0 ~ 255 范围内的值。

在我们的代码中，采用以下参数创建一个名为 removeLight 的新函数：

- 要移除光 / 背景的输入图像
- 光模式，Mat
- 移除方法，其值为 0 时采用减法，值为 1 时采用除法

其结果是一个没有光 / 背景的新图像矩阵。以下代码通过使用光模式实现对背景的移除：

```
Mat removeLight(Mat img, Mat pattern, int method)
{
  Mat aux;
  // if method is normalization
  if(method==1)
  {
    // Require change our image to 32 float for division
    Mat img32, pattern32;
    img.convertTo(img32, CV_32F);
    pattern.convertTo(pattern32, CV_32F);
    // Divide the image by the pattern
    aux= 1-(img32/pattern32);
    // Convert 8 bits format and scale
    aux.convertTo(aux, CV_8U, 255);
  }else{
    aux= pattern-img;
  }
  return aux;
}
```

我们来研究一下这段代码。创建 aux 变量保存结果后，我们选择用户选择的方法，并将参数传递给函数。如果选择的方法是 1，就用除法。

除法需要 32 位浮点图像，以便分割图像，而不是将数字截断为整数。第一步是将图像和光模式 Mat 转换为 32 位的浮点数。要转换该格式的图像，可以使用 Mat 类的 convertTo 函数，该函数接受 4 个参数，包括输出转换后的图像和希望转换为所需参数的格式，但你可以定义 alpha 和 beta 参数，这些参数能够在下一个函数之后缩放和移动值，其中 O 是输出图像，I 是输入图像：

$O(x,y)=cast<Type>(\alpha * I(x,y)+\beta)$

以下代码将图像更改为 32 位浮点数：

```
// Required to change our image to 32 float for division
Mat img32, pattern32;
img.convertTo(img32, CV_32F);
pattern.convertTo(pattern32, CV_32F);
```

现在就可以按照我们的描述对矩阵做数学运算，方法是将图像除以模式并反转结果：

```
// Divide the image by the pattern
aux= 1-(img32/pattern32);
```

现在得到了结果，但需要将其返回成 8 位深度的图像，然后像之前那样应用转换函数

来转换图像的 mat，并用 alpha 参数将图像从 0 放大到 255：

```
// Convert 8 bits format
aux.convertTo(aux, CV_8U, 255);
```

现在得到带有结果的 aux 变量。对于减法方法，开发非常简单，因为不需要转换图像，只需采用模式和图像之差并将其返回。如果不假设模式等于或大于图像，就需要做一些检查，并截断小于 0 或大于 255 的值：

```
aux= pattern-img;
```

图 5-12 是将图像光模式应用于输入图像的结果。

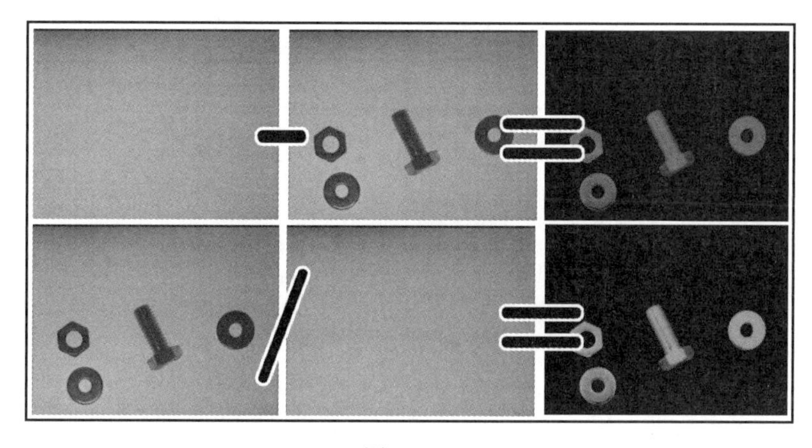

图　5-12

在获得的结果中，我们可以看到光梯度和可能的伪影是如何被移除的。但是，如果没有光 / 背景模式怎么办？还有一些其他技术可以获得光 / 背景模式，我们将在这里展示最基本的技术。使用过滤器，能够创建一个可以使用的光 / 背景模式，但是有更好的算法来学习各个部分出现在不同区域的图像背景。该技术有时需要对背景估计图像进行初始化，这时，基本方法可以很好地发挥作用。这些先进技术将在第 8 章中进行探讨。为了估计背景图像，我们将使用应用于输入图像的大内核尺寸的模糊技术。这是在光学字符识别（OCR）中经常使用的技术（在 OCR 中字母相对于整个文档细且小），从而能够对图像中的光模式进行近似。如图 5-13 所示，可以看到左侧的光 / 背景图像重建结果和右侧的真实背景。

图　5-13

可以看到灯光模式存在细微差别，但这个结果足以移除背景。使用不同的图像时，还可以在图 5-14 中看到结果，图 5-14 描绘了将原始输入图像减去用先前方法计算的估计背景图像之后的结果。

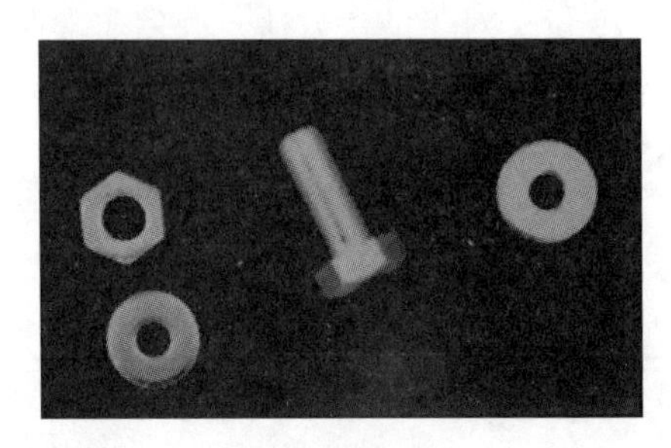

图 5-14

calculateLightPattern 函数创建了这个光模式或背景近似结果：

```
Mat calculateLightPattern(Mat img)
{
  Mat pattern;
  // Basic and effective way to calculate the light pattern from one image
  blur(img, pattern, Size(img.cols/3,img.cols/3));
  return pattern;
}
```

这个基本函数通过使用相对于图像大小的大内核尺寸将模糊效果应用于输入图像。在代码中，它是原始宽度和高度的三分之一。

5.4.3 阈值

删除背景后，只需对图像进行二值化，以便将来进行分割，我们利用阈值来做这件事。Threshold 是一个简单的函数，如果像素的值大于阈值，则将像素的值设置为最大值（例如，255），如果像素的值低于阈值，则将其设置为最小值（0）：

$$I(x,y)=\begin{cases}0, & \text{if } I(x,y)<\text{threshold}\\ 1, & \text{if } I(x,y)>\text{threshold}\end{cases}$$

现在，我们利用两个不同的阈值来应用 threshold 函数：当移除光 / 背景时，采用 30 作为 threshold 值，因为所有我们不感兴趣的区域都是黑色，这是因为应用了背景移除。当不使用光移除方法时，还将采用中等的 threshold 值（140），这是因为有白色背景。最后一个选项用于在有和没有背景移除的情况下检查结果：

```
// Binarize image for segment
Mat img_thr;
if(method_light!=2){
 threshold(img_no_light, img_thr, 30, 255, THRESH_BINARY);
}else{
 threshold(img_no_light, img_thr, 140, 255, THRESH_BINARY_INV);
}
```

之后，我们将继续介绍应用程序中最重要的部分：分割。我们会用到两种不同的方法或算法：连通组件和查找轮廓。

5.5　分割输入图像

现在，我们将介绍两种分割阈值图像的技术：

- 连通组件
- 查找轮廓

利用这两种技术，就可以从图像中提取出现目标对象的每个感兴趣区域（ROI）。在我们的例子中，这些目标对象是螺母、螺钉和垫圈。

5.5.1　连通组件算法

连通组件算法是一种非常常见的算法，用于分割和识别二进制图像中的特定部分。连通组件是一种迭代算法，其目的是采用八个或四个连接像素来标记图像。如果两个像素具有相同的值并且是邻居，则把它们连接起来。在图像中，每个像素都有八个相邻像素，如图 5-15 所示。

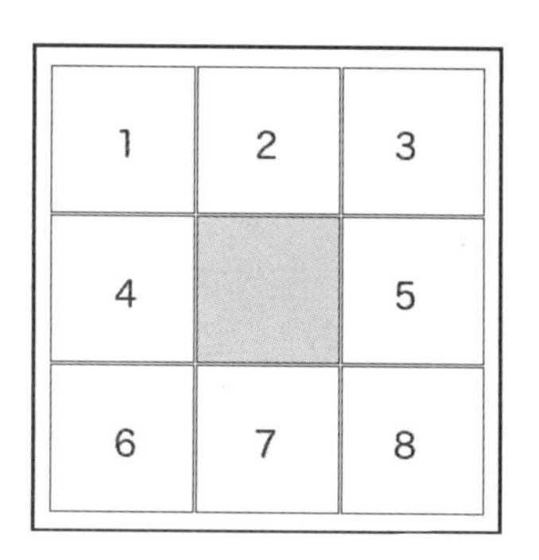

图　5-15

而四连接意味着，如果具有与中心像素相同的值，只有 2 个、4 个、5 个和 7 个邻居可以连接到中心。通过八连接，如果邻居具有与中心像素相同的值，则可以连接 1、2、3、4、5、6、7 和 8 个邻居。我们可以从以下示例中看到四连接算法和八连接算法的差异。我们会把每个算法应用到下一个二值化图像。这里使用了一个小的 9×9 图像并且经过了放大，用来显示连通组件的工作方式，以及四连接和八连接之间的差异，如图 5-16 所示。

如图 5-17 所示，四连接算法检测到两个对象，我们可以在左图中看到这一点。八连接算法仅检测到一个对象（右图），因为连接了两个对角像素。八连接考虑对角线连接，这是相比于四连接的主要差异，因为四连接只考虑垂直和水平像素。我们可以在图 5-17 中看到结果，其中每个对象都具有不同的灰度值。

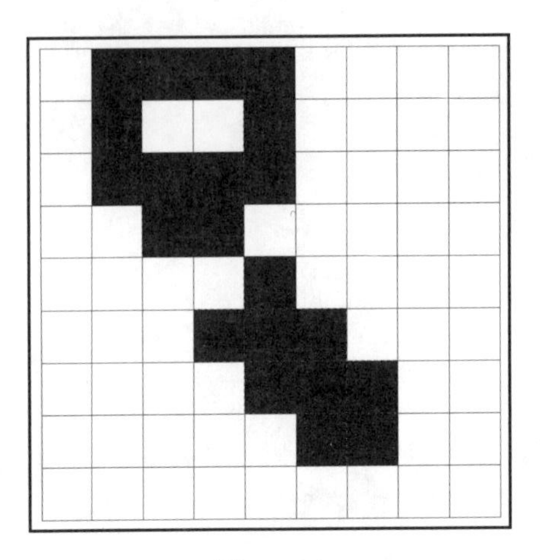

图 5-16

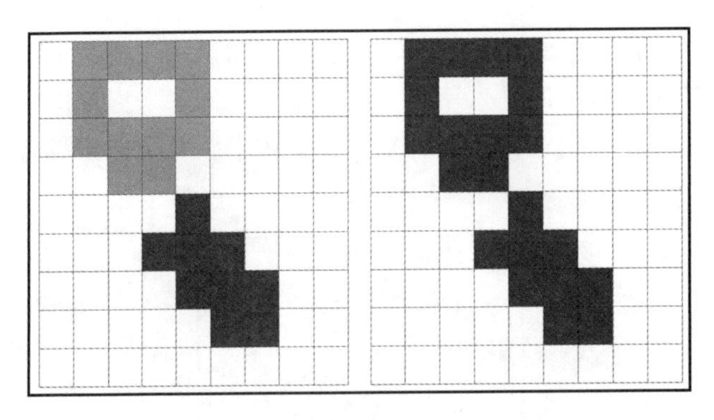

图 5-17

OpenCV 通过两个不同的函数为我们提供连通组件算法：

- connectedComponents (image, labels, connectivity= 8, type= CV_32S)
- connectedComponentsWithStats (image, labels, stats, centroids, connectivity=8, type= CV_32S)

两个函数都返回一个整数，其中包含检测到的标签数，标签 0 代表背景。这两个函数的区别基本上是返回的信息不同。下面来看一下它们的参数。

connectedComponents 函数提供了以下参数：

- Image：要标记的输入图像。
- Labels：与输入图像大小相同的输出矩阵，其中每个像素具有其标签的值，所有 OS 表示背景，值为 1 的像素表示第一个连通组件对象，依此类推。
- Connectivity：两个可能的值（8 或 4），代表我们想要使用的连通方法。
- Type：我们想要使用的标签图像的类型。只允许使用两种类型：CV32_S 和 CV16_U。默认情况下，这是 CV32_S。

connectedComponentsWithStats 函数定义了另外两个参数，它们是 Stats 和 centroids：

- Stats：这是一个输出参数，它给出每个标签（包括背景）以下的统计值：
  - CC_STAT_LEFT：连通组件对象的最左侧 x 坐标
  - CC_STAT_TOP：连通组件对象的最顶部 y 坐标
  - CC_STAT_WIDTH：由其边界框定义的连通组件对象的宽度
  - CC_STAT_HEIGHT：由其边界框定义的连通组件对象的高度
  - CC_STAT_AREA：连通组件对象的像素数量（区域）
- Centroids：Centroids 指向每个标签的浮点类型，包括为另一个连通组件考虑的背景。

在我们的示例应用程序中，我们将创建两个函数，以便应用这两个 OpenCV 算法。然后，会在新图像中向用户显示用基本连通分量算法获得的带有彩色对象的结果。如果采用 stats 方法选择连通组件，将绘制在每个对象上使用此函数所返回的相应计算区域。

下面为连通组件函数定义基本的绘制过程：

```
void ConnectedComponents(Mat img)
{
  // Use connected components to divide our image in multiple connected
component objects
     Mat labels;
     auto num_objects= connectedComponents(img, labels);
  // Check the number of objects detected
     if(num_objects < 2 ){
        cout << "No objects detected" << endl;
        return;
      }else{
       cout << "Number of objects detected: " << num_objects - 1 << endl;
      }
  // Create output image coloring the objects
     Mat output= Mat::zeros(img.rows,img.cols, CV_8UC3);
     RNG rng(0xFFFFFFFF);
     for(auto i=1; i<num_objects; i++){
        Mat mask= labels==i;
        output.setTo(randomColor(rng), mask);
      }
     imshow("Result", output);
}
```

首先，调用 OpenCV 的 connectedComponents 函数，该函数返回检测到的对象数。如果对象数小于 2，意味着只检测到了背景对象，这样我们就不需要绘制任何东西，并结束。如果算法检测到多个对象，则在控制台上显示检测到的对象数：

```
Mat labels;
auto num_objects= connectedComponents(img, labels);
// Check the number of objects detected
if(num_objects < 2){
  cout << "No objects detected" << endl;
  return;
}else{
  cout << "Number of objects detected: " << num_objects - 1 << endl;
```

然后，在新图像中用不同颜色绘制所有检测到的对象。之后，需要新建一个具有相同输入大小和三个通道的黑色图像：

```
Mat output= Mat::zeros(img.rows,img.cols, CV_8UC3);
```

遍历每个标签（除了 0 值，因为它是背景）：

```
for(int i=1; i<num_objects; i++){
```

要从标签图像中提取每个对象，可以使用比较为每个 i 标签创建一个 mask，并将其保存在新图像中：

```
Mat mask= labels==i;
```

最后，用 mask 把输出图像设置伪随机颜色：

```
  output.setTo(randomColor(rng), mask);
}
```

遍历所有图像后，将在输出中得到所有检测到的具有不同颜色的对象，然后只需在窗口中显示输出图像：

```
imshow("Result", output);
```

图 5-18 是用不同颜色或灰度值绘制每个对象的结果。

图 5-18

现在，我们要解释如何通过 OpenCV 的 Stats 算法使用连通组件，并在结果图像中显示更多信息。下面的函数实现此功能：

```
void ConnectedComponentsStats(Mat img)
{
  // Use connected components with stats
  Mat labels, stats, centroids;
  auto num_objects= connectedComponentsWithStats(img, labels, stats,
centroids);
  // Check the number of objects detected
  if(num_objects < 2 ){
    cout << "No objects detected" << endl;
    return;
  }else{
    cout << "Number of objects detected: " << num_objects - 1 << endl;
  }
```

```
  // Create output image coloring the objects and show area
  Mat output= Mat::zeros(img.rows,img.cols, CV_8UC3);
  RNG rng( 0xFFFFFFFF );
  for(auto i=1; i<num_objects; i++){
    cout << "Object "<< i << " with pos: " << centroids.at<Point2d>(i) << "
with area " << stats.at<int>(i, CC_STAT_AREA) << endl;
    Mat mask= labels==i;
    output.setTo(randomColor(rng), mask);
    // draw text with area
    stringstream ss;
    ss << "area: " << stats.at<int>(i, CC_STAT_AREA);

    putText(output,
      ss.str(),
      centroids.at<Point2d>(i),
      FONT_HERSHEY_SIMPLEX,
      0.4,
      Scalar(255,255,255));
  }
  imshow("Result", output);
}
```

下面来理解这段代码。正如在非 stats 函数中所做的那样，我们调用了连通组件算法，但是在这里，我们用带 stats 的函数执行此操作，以检查是否检测到多个对象：

```
Mat labels, stats, centroids;
  auto num_objects= connectedComponentsWithStats(img, labels, stats,
centroids);
  // Check the number of objects detected
  if(num_objects < 2){
    cout << "No objects detected" << endl;
    return;
  }else{
    cout << "Number of objects detected: " << num_objects - 1 << endl;
  }
```

现在有了两个输出结果：stats 和 centroid 变量。然后，对于每个检测到的标签，我们通过命令行来显示 centroid 和 area：

```
for(auto i=1; i<num_objects; i++){
    cout << "Object "<< i << " with pos: " << centroids.at<Point2d>(i) << "
with area " << stats.at<int>(i, CC_STAT_AREA) << endl;
```

可以检查对 stats 变量的调用，以便用列常量 stats.at <int>(I, CC_STAT_AREA) 提取区域。现在，像以前一样，我们在输出图像上绘制标签为 i 的对象：

```
Mat mask= labels==i;
output.setTo(randomColor(rng), mask);
```

最后，在每个分割对象的图心位置，我们想在结果图像上绘制一些信息（例如，区域）。为此，利用 putText 函数来使用 stats 和 centroid 变量。首先，必须创建一个 stringstream，以便可以添加统计区域信息：

```
// draw text with area
stringstream ss;
ss << "area: " << stats.at<int>(i, CC_STAT_AREA);
```

然后，需要用到 putText，并用 centroid 作为文本位置：

```
putText(output,
  ss.str(),
  centroids.at<Point2d>(i),
  FONT_HERSHEY_SIMPLEX,
  0.4,
  Scalar(255,255,255));
```

该函数的结果如图 5-19 所示。

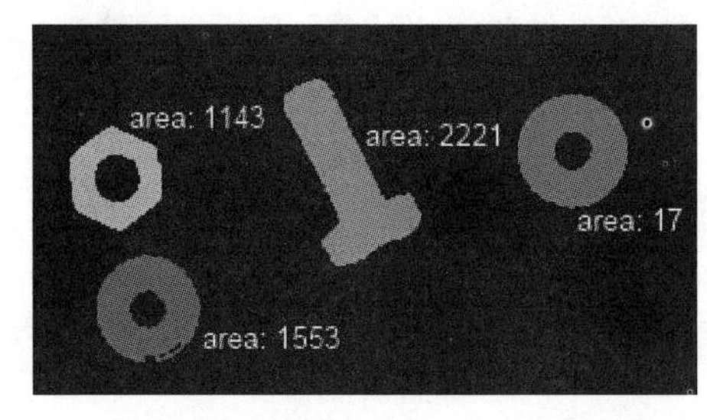

图 5-19

5.5.2 findContours 算法

findContours 算法是用于分割对象的最常用的 OpenCV 算法之一，这是因为该算法自从版本 1.0 开始就包含在 OpenCV 中，而且它为开发人员提供了更多信息和描述符，包括形状、拓扑组织等：

```
void findContours(InputOutputArray image, OutputArrayOfArrays contours,
OutputArray hierarchy, int mode, int method, Point offset=Point())
```

我们来解释一下各个参数：

- Image：二进制输入图像。
- Contours：轮廓的输出，其中每个检测到的轮廓是点的向量。
- Hierarchy：这是可选的输出向量，用于保存轮廓的层次结构。这是图像的拓扑结构，我们可以从它获得每个轮廓之间的关系。层次结构表示为四个索引的向量，它们是（下一个轮廓、前一个轮廓、第一个子轮廓、父轮廓）。在给定轮廓与其他轮廓无关的地方，则给出负索引。可以在 https://docs.opencv.org/3.4/d9/d8b/tutorial_py_contours_hierarchy.html 中找到更详细的说明。
- Mode：检索轮廓的模式。
  - RETR_EXTERNAL 仅检索外部轮廓。
  - RETR_LIST 在不建立层次结构的情况下检索所有轮廓。
  - RETR_CCOMP 检索具有两级层次结构（外部和孔）的所有轮廓。如果另一个对象位于一个孔内，则将其放在层次结构的顶部。
  - RETR_TREE 检索所有轮廓，在轮廓之间创建完整的层次结构。

- Method：使我们能够用近似方法来检索轮廓的形状：
  - 如果设置了 CV_CHAIN_APPROX_NONE，则此选项不对轮廓应用任何近似方法并存储轮廓点。
  - CV_CHAIN_APPROX_SIMPLE 压缩所有水平、垂直和对角线段，仅存储起点和终点。
  - CV_CHAIN_APPROX_TC89_L1 和 CV_CHAIN_APPROX_TC89_KCOS 应用 Telchin 链式近似算法。
- Offset：这是一个移动所有轮廓的可选点值。当我们正在处理 ROI 并需要检索全局位置时，这个选项非常有用。

注意　输入图像会被 findContours 函数修改。如果需要，在把图像发送到此函数之前，请创建它的副本。

了解 findContours 函数的参数之后，下面将它应用到我们的例子中：

```
void FindContoursBasic(Mat img)
{
  vector<vector<Point> > contours;
  findContours(img, contours, RETR_EXTERNAL, CHAIN_APPROX_SIMPLE);
  Mat output= Mat::zeros(img.rows,img.cols, CV_8UC3);
  // Check the number of objects detected
  if(contours.size() == 0 ){
    cout << "No objects detected" << endl;
    return;
  }else{
    cout << "Number of objects detected: " << contours.size() << endl;
  }
  RNG rng(0xFFFFFFFF);
  for(auto i=0; i<contours.size(); i++){
    drawContours(output, contours, i, randomColor(rng));
    imshow("Result", output);
  }
}
```

下面来逐行解释该实现过程。

在这个例子中，不需要任何层次结构，因此只需检索所有可能对象的外部轮廓。为此，可以使用 RETR_EXTERNAL 模式和 CHAIN_APPROX_SIMPLE 方法对应的基本轮廓编码：

```
vector<vector<Point> > contours;
vector<Vec4i> hierarchy;
findContours(img, contours, RETR_EXTERNAL, CHAIN_APPROX_SIMPLE);
```

与之前的连通组件例子一样，首先检查检索到的轮廓数量。如果没有，那就退出函数：

```
// Check the number of objects detected
  if(contours.size() == 0){
    cout << "No objects detected" << endl;
    return;
  }else{
    cout << "Number of objects detected: " << contours.size() << endl;
  }
```

最后，绘制每个检测到的对象的轮廓，我们在输出图像中用不同颜色进行绘制。为此，OpenCV 为我们提供了绘制图像轮廓结果的函数：

```
for(auto i=0; i<contours.size(); i++)
    drawContours(output, contours, i, randomColor(rng));
  imshow("Result", output);
}
```

drawContours 函数具有以下参数：

- Image：要绘制轮廓的输出图像。
- Contours：轮廓的向量。
- Contour index：表示要绘制轮廓的索引。如果这是负数，则绘制所有轮廓。
- Color：绘制轮廓的颜色。
- Thickness：如果为负，则使用所选颜色填充轮廓。
- Line type：指定是否要使用消除锯齿方法或其他绘图方法进行绘制。
- Hierarchy：这是一个可选参数，仅仅在你想绘制某些轮廓时才需要。
- Max Level：这是一个可选参数，只有在 Hierarchy 参数可用时才会考虑该参数。如果设置为 0，则仅绘制指定的轮廓。如果为 1，则绘制当前轮廓和嵌套轮廓。如果将其设置为 2，则绘制所有指定的轮廓层次结构。
- Offset：这是用于移动轮廓的可选参数。

这个例子的结果可以在图 5-20 中看到。

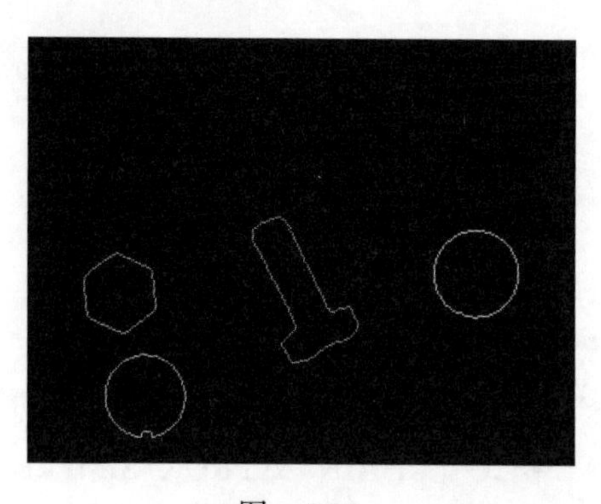

图 5-20

5.6 总结

在本章中，我们探讨了在摄像机拍摄不同对象照片的受控情况下对象分割的基础知识。在这里，我们学习了如何移除背景和光线，以便更好地对图像进行二值化，从而最大限度地减少噪声。在对图像进行二值化之后，介绍了三种不同的算法，我们可以用这些算法来划分和分割一个图像的每个对象，从而能够隔离每个对象以操纵或提取特征。

我们可以在图 5-21 中看到整个过程。

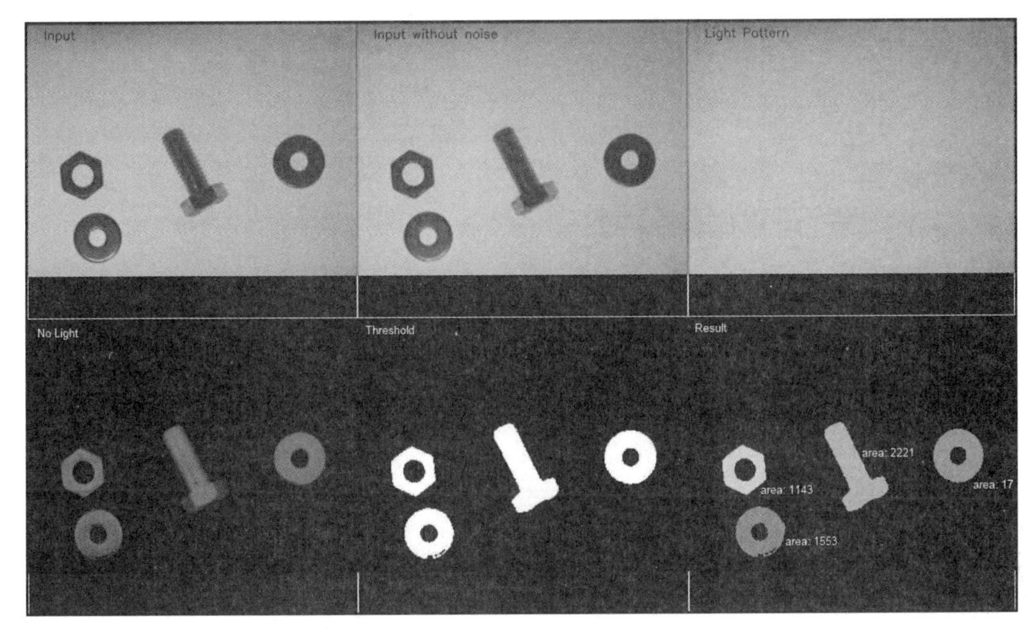

图　5-21

最后，我们提取了图像上的所有对象。这为继续学习下一章的内容做好了准备，我们会在下一章中提取每个对象的特征以训练机器学习系统。

在下一章中，我们将预测图像中任何对象的类别，然后调用机器人或任何其他系统来挑选它们中的任何一个，或检测不在正确载带中的对象，以便把它拾出来。

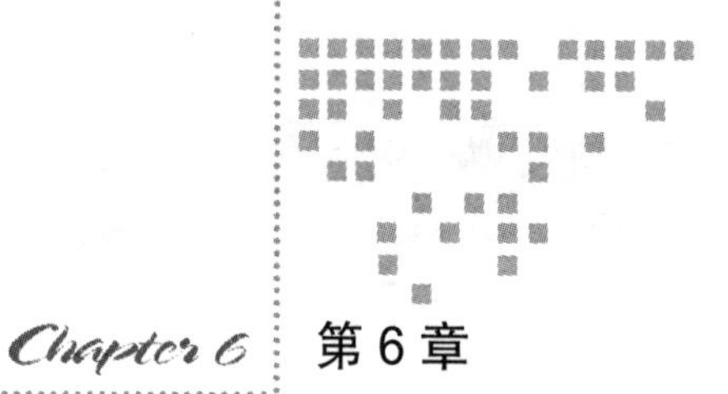

Chapter 6 第6章

学习对象分类

在第5章中，我们介绍了对象分割和检测的基本概念。它是指隔离图像中出现的对象，用于将来进行处理和分析。本章介绍如何对每个孤立的对象进行分类。为了对每个对象进行分类，必须训练我们的系统，以便能够学习必需的参数，从而决定将哪个特定标签分配给检测到的对象（取决于在训练阶段考虑的不同类别）。

本章介绍机器学习的基本概念，以便对具有不同标签的图像进行分类。为此，我们将基于第5章的分割算法创建一个基本应用程序。该分割算法可以提取包含未知对象的图像部分。对于每个检测到的对象，我们将用机器学习算法提取将被分类的不同特征。最后，利用用户界面显示获得的结果，以及从输入图像中检测到的每个对象的标签。

本章介绍以下主题：

- 机器学习概念介绍
- 常见的机器学习算法和过程
- 特征提取
- 支持向量机（SVM）
- 训练和预测

6.1 技术要求

本章要求读者熟悉基本C++编程语言，所使用的所有代码都可以从以下GitHub链接下载：https://github.com/PacktPublishing/Learn-OpenCV-4-By-Building-Projects-Second-Edition/tree/master/Chapter_06。虽然只在Ubuntu上测试过，但是这段代码可以在任何操作系统上执行。

6.2　机器学习概念介绍

机器学习是亚瑟·塞缪尔（Arthur Samuel）在 1959 年定义的一个概念，作为一个研究领域，它赋予计算机无须明确编程就能够开展学习的能力。汤姆 M. 米切尔（Tom M. Mitchel）为机器学习提供了更为正式的定义，其中，他把样本的概念与算法的经验数据、标签和性能测量联系起来。

提示　由 Arthur Samuel 定义的机器学习概念在“IBM Journal of Research and Development”（第 3 期第 3 卷第 210 页）的“Some Studies in Machine Learning Using the Game of Checkers”一文中被引用，同年，“The New Yorker”和“Office Management”也引用了它。

Tom M. Mitchel 的更正式的定义在《Machine Learning Book》（McGray Hill 1997，http://www.cs.cmu.edu/afs/cs.cmu.edu/user/mitchell/ftp/mlbook.html）一书中被引用。

机器学习涉及人工智能中的模式识别和学习理论，并且与计算统计学有关。它被用于数百种应用，例如光学字符识别（OCR）、垃圾邮件过滤、搜索引擎以及数以千计的计算机视觉应用程序，比如我们将在本章中开发的例子，其中的机器学习算法试图对出现在输入图像中的对象进行分类。

根据机器学习算法从输入数据中进行学习的方式，我们可以将它们分为三类：

- 监督学习：计算机从一组有标签的数据中学习。其目标是学习模型的参数以及能使计算机对数据和输出标签结果之间的关系进行映射的规则。
- 无监督学习：数据不带标签，计算机试图发现给定数据的输入结构。
- 强化学习：计算机与动态环境互动，从而实现目标并从错误中吸取教训。

根据我们希望从机器学习算法中获得的结果，可以将结果分为以下几类：

- 分类：输入的空间可以分为 N 类，给定样本的预测结果则是这些被训练的类之一。这是最常用的类别之一。一个典型的例子是垃圾邮件过滤，其中只有两类：垃圾邮件和非垃圾邮件。另外，也可以使用 OCR，其中只有 N 个字符可用，每个字符是一个类。
- 回归：输出是连续值，而不是像分类结果那样的离散值。回归的一个例子是根据房屋的大小、自建成以来的年数以及位置来预测房价。
- 聚类：输入被分为 N 组，通常使用无监督训练完成。
- 密度估计：找出输入的（概率）分布。

在本章的例子中，我们将会用到监督学习和分类算法，这需要使用带有标签的训练数据集来训练模型，并且模型的预测结果是可能的标签之一。在机器学习中，有几种方法可以实现这一目标。一些比较流行方法的包括：支持向量机（SVM）、人工神经网络（ANN）、聚类、k- 最近邻、决策树和深度学习。OpenCV 支持并实现几乎所有这些方法，并有详细的文档说明。在本章中，我们将解释支持向量机。

OpenCV 机器学习算法

OpenCV 实现了其中的八种机器学习算法，所有这些算法都继承自 StatModel 类，这八种算法是：

- 人工神经网络
- 随机树
- 期望最大化
- k- 最近邻
- 逻辑回归
- 朴素贝叶斯分类器
- 支持向量机
- 随机梯度下降 SVM

版本 3 支持基础级别的深度学习，但版本 4 更加稳定且提供了更多支持。我们将在后面的章节中深入探讨深度学习。

> 提示 要获得有关各种算法的更多信息，请在 http://docs.opencv.org/trunk/dc/dd6/ml_intro.html 阅读 OpenCV 机器学习的文档页面。

图 6-1 显示机器学习的类层次结构：

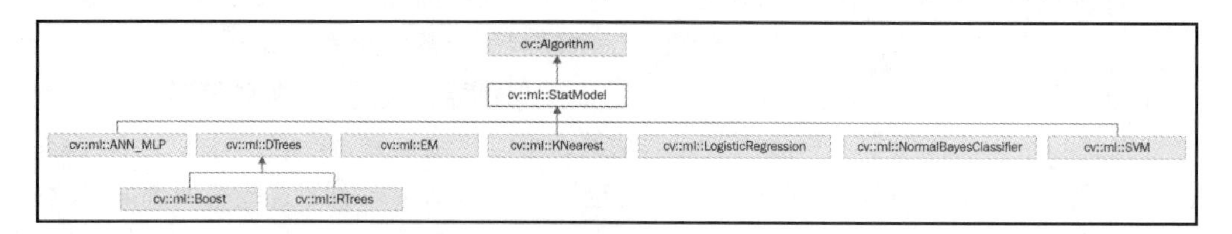

图 6-1

StatModel 类是所有机器学习算法的基类，它提供预测和所有读写功能，这些功能对于保存和读取机器学习参数和训练数据非常重要。

在机器学习中，最耗时和最耗费计算资源的部分是训练方法。对于大型数据集和复杂的机器学习结构，训练可能需要数秒、数周乃至数月。例如，在深度学习中，要训练具有超过 100 000 个图像数据集的大型神经网络结构可能需要很长时间。对于深度学习算法，通常使用并行硬件处理（例如具有 CUDA 技术的 GPU）或大多数新的芯片设备（如 Intel Movidius）来减少训练期时间。这意味着我们每次运行应用程序时都无法训练算法，因此建议保存训练好的模型和已经学习过的所有参数。在将来的执行中，我们只需加载 / 读取保存的模型，而不必再经历训练过程，除非需要使用更多样本数据来更新模型。

StatModel 是诸如 SVM 或 ANN 等所有机器学习类（除了深度学习方法之外）的基类。StatModel 基本上是一个虚拟类，它定义了两个最重要的函数：train 和 predict。train 方法是负责使用训练数据集学习模型参数的主要方法。它有以下三种可能的调用方式：

```
bool train(const Ptr<TrainData>& trainData, int flags=0 );
bool train(InputArray samples, int layout, InputArray responses);
Ptr<_Tp> train(const Ptr<TrainData>& data, int flags=0 );
```

Train 函数具有以下参数：

- TrainData：训练数据可以从 TrainData 类加载或创建。该类是 OpenCV 3 中的新增功能，可以帮助开发人员从机器学习算法中创建和提取训练数据。这样做是因为不同的算法需要不同类型的阵列结构用于训练和预测，例如 ANN 算法。
- samples：一系列训练阵列样本，例如采用机器学习算法所需格式的训练数据。
- layout：ROW_SAMPLE(训练样本是矩阵行）或 COL_SAMPLE(训练样本是矩阵列）。
- responses：与样本数据相关的响应向量。
- flags：由每个方法定义的可选标志。

最后一个训练方法创建并训练一个 _TP 类类型的模型。被接受的唯一类是不带参数或带所有默认参数值实现静态创建方法的类。

predict 方法更简单，只有一个可能的调用：

```
float StatModel::predict(InputArray samples, OutputArray results=noArray(),
int flags=0)
```

该预测函数具有以下参数：

- samples：用于预测模型结果的输入样本可以包含任意数量的数据，无论是单个还是多个。
- results：每个输入行样本的结果（由先前训练的模型的算法计算）。
- flags：这些可选标志与模型有关。某些模型（如 Boost）由 SVM StatModel::RAW_OUTPUT 标志识别，这使得该方法可以返回原始结果（总和），而不是类标签。

StatModel 类为其他非常有用的方法提供接口：

- isTrained()，如果模型是训练过的，则返回 true
- isClassifier()，如果模型是分类器，则返回 true，如果是回归，则返回 false
- getVarCount() 返回训练样本中的变量数
- save（const string & filename）将模型保存在指定的文件中
- Ptr <_Tp> load（const string & filename）从指定的文件中加载 <indexentry content ="StatModel class: Ptr load (const string & filename)"> 模型，例如 -Ptr <SVM> svm = StatModel :: load <SVM>("my_svm_model.xml")
- calcError(const Ptr <TrainData> & data, bool test, OutputArray resp) 从测试数据计算错误，其中数据是训练数据。如果 test 参数为 true，则该方法从测试数据子集计算错误；如果为 false，则该方法计算所有训练数据的错误。resp 是可选的输出结果。

下面，我们将介绍在计算机视觉应用中如何构建使用机器学习的基本应用程序。

6.3 计算机视觉和机器学习工作流程

具备机器学习的计算机视觉应用具有共同的基本结构，这种结构分为不同的步骤：

1. 预处理
2. 分割
3. 特征提取
4. 分类结果
5. 后处理

这些步骤在几乎所有计算机视觉应用程序中都很常见，而其他步骤则被省略。在图 6-2 中，你可以看到所涉及的不同步骤。

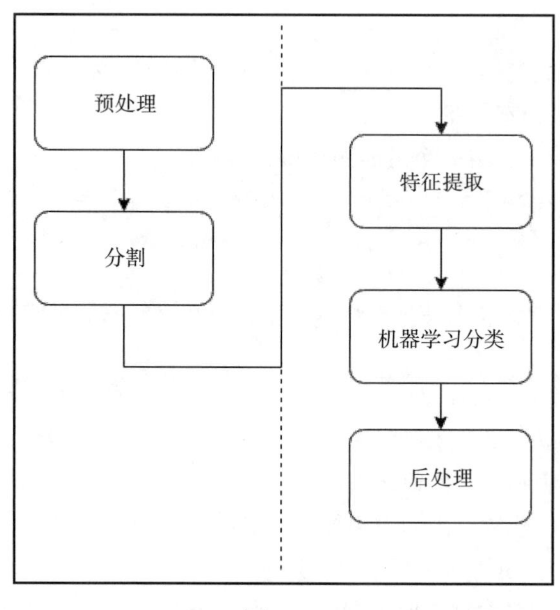

图 6-2

几乎所有计算机视觉应用程序都以应用于输入图像的预处理开始，包括去除光和噪声、滤波、模糊等。在对输入图像做必要的所有预处理之后，第二步是分段。在这个步骤中，必须提取图像中的感兴趣区域，并将每个区域隔离为感兴趣的唯一对象。例如，在面部检测系统中，必须将面部与场景中的其余部分分开。在检测到图像中的对象后，下一步必须提取每一个对象的特征，这些特征通常是对象特征的向量。特征用于描述对象，可以是对象区域、轮廓、纹理图案、像素等。

现在，我们有了对象的描述符，也称为特征向量或特征集。描述符是用于描述对象的特征，我们用它们来训练或预测模型。为此，必须创建一个大型的特征数据集，其中预先处理了数千个图像。然后，在我们选择的训练模型函数中使用提取的特征（图像 / 对象的特征），例如面积、大小和纵横比。在图 6-3 中，可以看到如何将数据集输入到机器学习算法中以训练和生成一个模型。

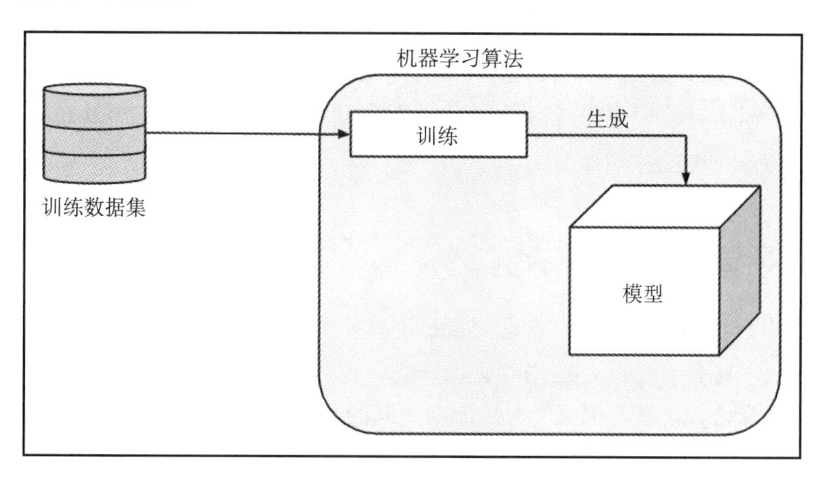

图　6-3

当我们使用数据集进行训练时，模型会学习所需的所有参数，以便能够在把具有未知标签的新特征向量作为算法的输入时进行预测。在图 6-4 中，可以看到如何使用未知的特征向量并利用生成的模型进行预测，从而返回分类结果或回归。

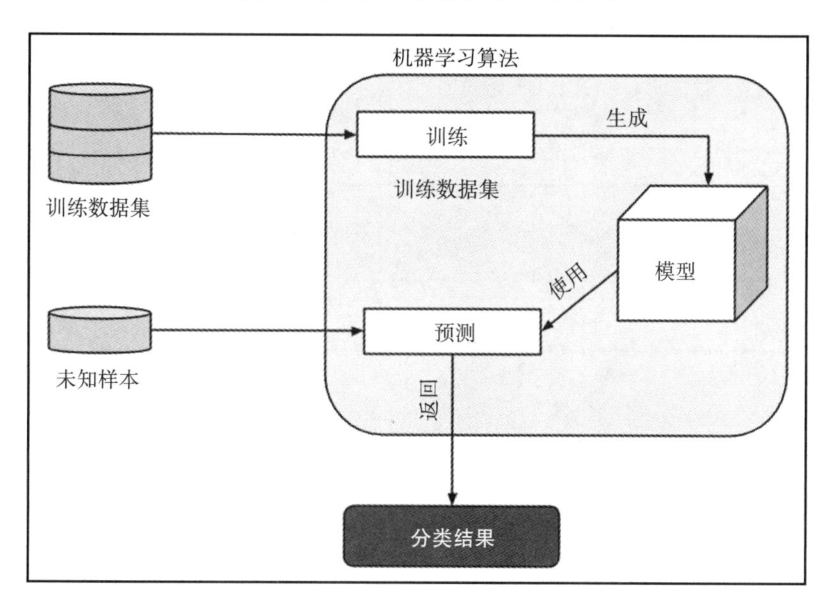

图　6-4

在预测结果之后，有时需要针对输出数据进行后处理，例如，合并多个分类以减少预测误差或合并多个标签。光学字符识别中的一个案例是，分类结果是根据每一个预测的字符产生的，并通过组合字符识别的结果来构造单词。这意味着我们可以创建一个后处理方法来纠正检测到的单词错误。在对用于计算机视觉的机器学习的简单介绍之后，我们将实现自己的应用程序，该应用程序使用机器学习对传送带上的对象进行分类。我们将用支持向量机作为分类方法，并解释如何使用它们。其他机器学习算法以非常类似的方式使用。OpenCV 文档在以下链接中提供了有关所有机器学习算法的详细信息：https://docs.OpenCV.org/master/dd/ded/group__ml.HTML。

6.4 自动对象检查分类示例

在第 5 章中，我们介绍了一个自动对象检测分割的示例，其中的传送带包含三种不同类型的对象：螺母、螺钉和垫圈。利用计算机视觉，我们能够识别其中的每一个对象，这样就可以向机器人发送通知，或者把每个对象放在不同的盒子中。图 6-5 是传送带的基本示意图。

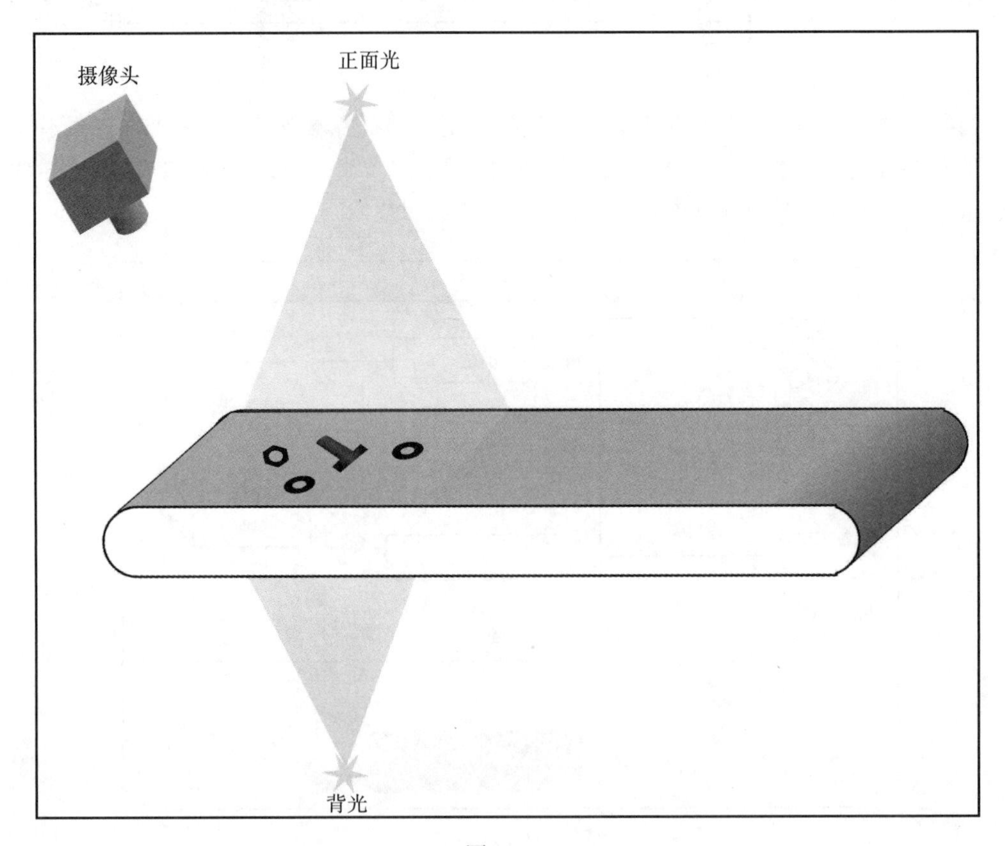

图 6-5

在第 5 章中，我们对输入图像做了预处理，并提取出了感兴趣的区域，采用不同的技术隔离每个对象。现在，我们将在该例子中应用前面解释的所有概念来提取特征并对每个对象进行分类，从而让机器人能够把每个对象放在不同的盒子中。在这个应用程序中，将只显示每个图像的标签，但是可以把图像中的位置和标签发送到其他设备，例如机器人。此时，我们的目标是提供一个包含不同对象的输入图像，让计算机能够检测这些对象，并在每个图像上显示对象的名称，如图 6-6 所示。但是，为了学习整个过程的步骤，我们会通过创建一个图表来训练这个系统，以显示将要使用的特征分布，并用不同的颜色可视化它们。我们还将显示预处理的输入图像，以及获得的输出分类结果。最终结果如图 6-6 所示。

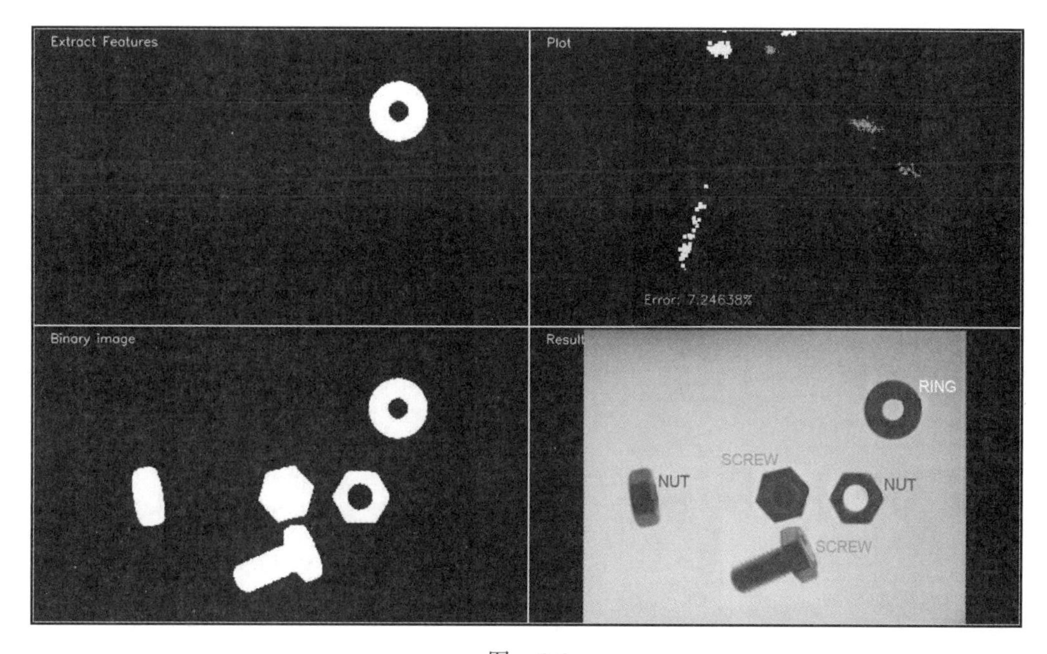

图　6-6

这个示例应用程序将执行以下步骤：

1. 对于每个输入图像：
   - 预处理图像
   - 分割图像
2. 对于图像中的每个对象：
   - 提取特征
   - 使用相应的标签（螺母、螺钉、垫圈）将这些提取出的特征添加到训练特征向量中
3. 创建 SVM 模型。
4. 使用训练特征向量训练 SVM 模型。

5. 预处理输入图像以便对每个被分割的对象进行分类。

6. 分割输入图像。

7. 对于检测到的每个对象：

- ❑ 提取特征
- ❑ 用 SVM 预测它
- ❑ 建模
- ❑ 在输出图像中绘制结果

对于预处理和分割，我们将使用第 5 章中的代码。然后我们会解释如何提取特征，并创建训练和预测模型所需的向量。

6.4.1 特征提取

我们要做的下一件事是为每个对象提取特征。为了理解特征向量的概念，我们会在示例中提取几个非常简单的特性，因为这样足以获得良好的结果。在其他解决方案中，可以获得更复杂的特征，例如纹理描述符、轮廓描述符等。在这个示例中，图像中只有处于不同位置和方向的螺母、环和螺钉。相同的对象可以处于图像的任何位置，朝向任何方向，例如螺钉或螺母。我们可以在图 6-7 中看到不同的朝向。

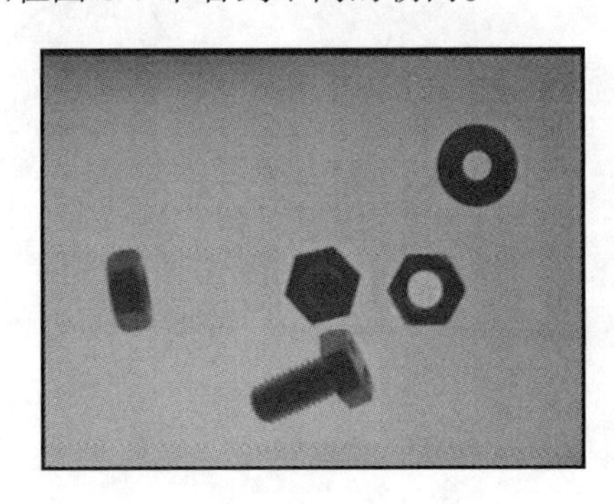

图 6-7

我们会探索一些可以提高机器学习算法准确性的特征或特性。不同对象（螺母、螺钉和垫圈）的这些可能的特征如下：

- ❑ 对象的面积
- ❑ 纵横比，即宽度除以边界矩形的高度
- ❑ 孔的数量
- ❑ 轮廓边数

这些特征可以很好地描述对象，如果把它们全部用上，则分类错误就会非常小。但是，在实现的示例中，出于学习目的，只用到前两个特征，即面积和纵横比，因为可以在 2D 图形中绘制这些特征，并且展示这些值能够正确描述对象。另外还能够表明，可以在视觉上

区分图形中的一种对象与另一种对象。为了提取这些特征，将用黑 / 白 ROI 图像作为输入，其中只有一个对象以白色显示并带有黑色背景。该输入是第 5 章的分割结果。我们将采用 findCountours 算法来分割对象，并为此创建 ExtractFeatures 函数，如下面的代码所示：

```
vector< vector<float> > ExtractFeatures(Mat img, vector<int>* left=NULL,
vector<int>* top=NULL)
{
  vector< vector<float> > output;
  vector<vector<Point> > contours;
  Mat input= img.clone();
  vector<Vec4i> hierarchy;
  findContours(input, contours, hierarchy, RETR_CCOMP,
CHAIN_APPROX_SIMPLE);
  // Check the number of objects detected
  if(contours.size() == 0){
    return output;
  }
  RNG rng(0xFFFFFFFF);
  for(auto i=0; i<contours.size(); i++){
    Mat mask= Mat::zeros(img.rows, img.cols, CV_8UC1);
    drawContours(mask, contours, i, Scalar(1), FILLED, LINE_8, hierarchy,
1);
    Scalar area_s= sum(mask);
    float area= area_s[0];

    if(area>500){ //if the area is greater than min.
      RotatedRect r= minAreaRect(contours[i]);
      float width= r.size.width;
      float height= r.size.height;
      float ar=(width<height)?height/width:width/height;

      vector<float> row;
      row.push_back(area);
      row.push_back(ar);
      output.push_back(row);
      if(left!=NULL){
          left->push_back((int)r.center.x);
      }
      if(top!=NULL){
          top->push_back((int)r.center.y);
      }
      // Add image to the multiple image window class, See the class on
full github code
      miw->addImage("Extract Features", mask*255);
      miw->render();
      waitKey(10);
    }
  }
  return output;
}
```

我们来解释一下用来提取特征的代码。我们将创建以图像作为输入的函数，并将图像中检测到的每个对象的左侧和顶部位置两个向量作为参数返回。该数据将用于在每个对象上绘制相应的标签。函数的输出是浮点向量的向量。换句话说，它是一个矩阵，其中每一行包含检测到的每个对象的特征。

首先，必须创建输出向量变量和将在查找轮廓算法分割中使用的轮廓变量。还必须创建一个输入图像的副本，因为 OpenCV 的 findCoutours 函数会修改输入图像：

```
  vector< vector<float> > output;
  vector<vector<Point> > contours;
  Mat input= img.clone();
  vector<Vec4i> hierarchy;
  findContours(input, contours, hierarchy, RETR_CCOMP,
CHAIN_APPROX_SIMPLE);
```

现在，可以用 findContours 函数来检索图像中的每个对象。如果没有检测到任何轮廓，就返回一个空的输出矩阵，如下面的代码段所示：

```
if(contours.size() == 0){
    return output;
  }
```

如果检测到对象，则对于每个轮廓，我们将在黑色图像（零值）上绘制白色对象。用 1 值完成这个过程，如掩模图像。以下代码生成掩模图像：

```
for(auto i=0; i<contours.size(); i++){
    Mat mask= Mat::zeros(img.rows, img.cols, CV_8UC1);
    drawContours(mask, contours, i, Scalar(1), FILLED, LINE_8, hierarchy,
1);
```

使用值 1 来绘制形状是很重要的，因为我们可以通过对轮廓内的所有值求和来计算面积，如下面的代码所示：

```
Scalar area_s= sum(mask);
float area= area_s[0];
```

这个区域是第一个特征。我们将用这个值作为过滤器来删除必须避免的所有可能的小对象，面积小于我们认为的最小阈值区域的所有对象都将被丢弃。通过过滤器后，创建第二个特征和对象的纵横比，这是指宽度或高度的最大值除以宽度或高度的最小值。这个特征可以轻松区分螺钉和其他对象。以下代码描述了如何计算纵横比：

```
if(area>MIN_AREA){ //if the area is greater than min.
      RotatedRect r= minAreaRect(contours[i]);
      float width= r.size.width;
      float height= r.size.height;
      float ar=(width<height)?height/width:width/height;
```

现在就得到了这些特征，只需把它们添加到输出向量中。为此，创建一个浮点的行向量并把这些值添加进去，然后把该行添加到输出向量，如下面的代码所示：

```
vector<float> row;
row.push_back(area);
row.push_back(ar);
output.push_back(row);
```

如果传递了 left 和 top 参数，则添加左上角的值以输出这些参数：

```
if(left!=NULL){
    left->push_back((int)r.center.x);
}
if(top!=NULL){
    top->push_back((int)r.center.y);
}
```

最后，在窗口中显示检测到的对象反馈给用户。当处理完图像中的所有对象时，则返回输出特征向量，如以下代码片段所述：

```
    miw->addImage("Extract Features", mask*255);
    miw->render();
    waitKey(10);
  }
}
return output;
```

至此，我们已经提取出每个输入图像的特征，可以继续下一步。

6.4.2 训练 SVM 模型

我们现在将用到监督学习，然后为每个对象及其相应的标签获取一组图像。数据集中没有最小数量的图像，如果为训练过程提供更多图像，将能获得更好的分类模型（在大多数情况下）。但是，对于简单的分类器，它应该足以训练简单的模型了。为此，我们创建三个文件夹（screw、nut 和 ring），每种类型的所有图像都放在一起。对于文件夹中的每个图像，必须提取其特征，并把它们添加到 train（训练）特征矩阵中，同时创建一个新的向量，其中每一行的标签对应于每个训练矩阵。为了评估该系统，我们将按照测试和训练把每个文件夹拆分成很多图像。我们将留下大约 20 张图片用于测试，其他图片用于训练。然后创建两个标签向量和两个用于训练和测试的矩阵。

下面来看代码。首先，我们必须创建模型。我们将在所有函数以外声明模型，以便能够作为全局变量访问它。OpenCV 使用 Ptr 模板类进行指针管理：

```
Ptr<SVM> svm;
```

在声明新 SVM 模型的指针之后，我们将创建和训练它。为此，我们创建 trainAndTest 函数。完整的函数代码如下：

```
void trainAndTest()
{
  vector< float > trainingData;
  vector< int > responsesData;
  vector< float > testData;
  vector< float > testResponsesData;

  int num_for_test= 20;

  // Get the nut images
  readFolderAndExtractFeatures("../data/nut/nut_%04d.pgm", 0, num_for_test,
trainingData, responsesData, testData, testResponsesData);
  // Get and process the ring images
```

```
  readFolderAndExtractFeatures("../data/ring/ring_%04d.pgm", 1,
num_for_test, trainingData, responsesData, testData, testResponsesData);
  // get and process the screw images
  readFolderAndExtractFeatures("../data/screw/screw_%04d.pgm", 2,
num_for_test, trainingData, responsesData, testData, testResponsesData);
  cout << "Num of train samples: " << responsesData.size() << endl;

  cout << "Num of test samples: " << testResponsesData.size() << endl;
  // Merge all data
  Mat trainingDataMat(trainingData.size()/2, 2, CV_32FC1,
&trainingData[0]);
  Mat responses(responsesData.size(), 1, CV_32SC1, &responsesData[0]);

  Mat testDataMat(testData.size()/2, 2, CV_32FC1, &testData[0]);
  Mat testResponses(testResponsesData.size(), 1, CV_32FC1,
&testResponsesData[0]);
  Ptr<TrainData> tdata= TrainData::create(trainingDataMat, ROW_SAMPLE,
responses);

  svm = cv::ml::SVM::create();
  svm->setType(cv::ml::SVM::C_SVC);
  svm->setNu(0.05);
  svm->setKernel(cv::ml::SVM::CHI2);
  svm->setDegree(1.0);
  svm->setGamma(2.0);
  svm->setTermCriteria(TermCriteria(TermCriteria::MAX_ITER, 100, 1e-6));
  svm->train(tdata);

  if(testResponsesData.size()>0){
    cout << "Evaluation" << endl;
    cout << "==========" << endl;
    // Test the ML Model
    Mat testPredict;
    svm->predict(testDataMat, testPredict);
    cout << "Prediction Done" << endl;
    // Error calculation
    Mat errorMat= testPredict!=testResponses;
    float error= 100.0f * countNonZero(errorMat) /
testResponsesData.size();
    cout << "Error: " << error << "%" << endl;
    // Plot training data with error label
    plotTrainData(trainingDataMat, responses, &error);

  }else{
    plotTrainData(trainingDataMat, responses);
  }
}
```

现在，我们来解释这段代码。首先，必须创建所需的变量来存储训练和测试数据：

```
vector< float > trainingData;
vector< int > responsesData;
vector< float > testData;
vector< float > testResponsesData;
```

正如之前提到的，必须从每个文件夹中读取所有的图像，并提取特征，然后把它们保存在训练和测试数据中。为此，采用 readFolderAndExtractFeatures 函数，如下所示：

```
  int num_for_test= 20;
  // Get the nut images
  readFolderAndExtractFeatures("../data/nut/tuerca_%04d.pgm", 0,
num_for_test, trainingData, responsesData, testData, testResponsesData);
  // Get and process the ring images
  readFolderAndExtractFeatures("../data/ring/arandela_%04d.pgm", 1,
num_for_test, trainingData, responsesData, testData, testResponsesData);
  // get and process the screw images
  readFolderAndExtractFeatures("../data/screw/tornillo_%04d.pgm", 2,
num_for_test, trainingData, responsesData, testData, testResponsesData);
```

readFolderAndExtractFeatures 函数使用 OpenCV 的 VideoCapture 函数读取文件夹中的所有图像，包括视频和相机的帧。对于每个读取的图像，我们将提取特征并把它们添加到相应的输出向量：

```
bool readFolderAndExtractFeatures(string folder, int label, int
num_for_test,
  vector<float> &trainingData, vector<int> &responsesData,
  vector<float> &testData, vector<float> &testResponsesData)
{
  VideoCapture images;
  if(images.open(folder)==false){
    cout << "Can not open the folder images" << endl;
    return false;
  }
  Mat frame;
  int img_index=0;
  while(images.read(frame)){
    //// Preprocess image
    Mat pre= preprocessImage(frame);
    // Extract features
    vector< vector<float> > features= ExtractFeatures(pre);
    for(int i=0; i< features.size(); i++){
      if(img_index >= num_for_test){
        trainingData.push_back(features[i][0]);
        trainingData.push_back(features[i][1]);
        responsesData.push_back(label);
      }else{
        testData.push_back(features[i][0]);
        testData.push_back(features[i][1]);
        testResponsesData.push_back((float)label);
      }
    }
    img_index++;
  }
  return true;
}
```

在使用特征和标签填充所有向量之后，必须把向量转换为 OpenCV 的 Mat 格式，以便能够将其发送给训练函数：

```
// Merge all data
Mat trainingDataMat(trainingData.size()/2, 2, CV_32FC1, &trainingData[0]);
Mat responses(responsesData.size(), 1, CV_32SC1, &responsesData[0]);
Mat testDataMat(testData.size()/2, 2, CV_32FC1, &testData[0]);
```

```
Mat testResponses(testResponsesData.size(), 1, CV_32FC1,
&testResponsesData[0]);
```

现在可以创建和训练机器学习模型。前面提到，我们会用到支持向量机。首先，设置基本模型参数，如下所示：

```
// Set up SVM's parameters
svm = cv::ml::SVM::create();
svm->setType(cv::ml::SVM::C_SVC);
svm->setNu(0.05);
svm->setKernel(cv::ml::SVM::CHI2);
svm->setDegree(1.0);
svm->setGamma(2.0);
svm->setTermCriteria(TermCriteria(TermCriteria::MAX_ITER, 100, 1e-6));
```

接下来定义要使用的 SVM 类型和内核，以及停止学习过程的条件。在这个例子中，将用到很多最大迭代，并在迭代到 100 次时停止。有关每个参数及其功能的更多信息，请通过以下链接查看 OpenCV 文档：

https: //docs.opencv.org/master/d1/d2d/classcv_1_1ml_1_1SVM.html。在创建了设置参数之后，通过调用 train 方法并使用 trainingDataMat 和响应矩阵作为 TrainData 对象来创建模型：

```
// Train the SVM
svm->train(tdata);
```

我们使用测试向量（将 num_for_test 变量设置为大于 0）来获得模型的近似误差。为了得到误差估计值，我们将预测所有测试向量特征以获得 SVM 预测结果，并把这些结果与原始标签进行比较：

```
if(testResponsesData.size()>0){
    cout << "Evaluation" << endl;
    cout << "==========" << endl;
    // Test the ML Model
    Mat testPredict;
    svm->predict(testDataMat, testPredict);
    cout << "Prediction Done" << endl;
    // Error calculation
    Mat errorMat= testPredict!=testResponses;
    float error= 100.0f * countNonZero(errorMat) /
testResponsesData.size();
    cout << "Error: " << error << "%" << endl;
    // Plot training data with error label
    plotTrainData(trainingDataMat, responses, &error);

  }else{
    plotTrainData(trainingDataMat, responses);
  }
```

我们利用以 testDataMat 特征和新的 Mat 作为参数的 predict 函数来预测结果。predict 函数可以同时进行多个预测，并给出矩阵作为结果，而不是只有一个行或向量。在预测之后，只需计算 testPredict 与 testResponses（原始标签）的差异。如果存在差异，只需计算差异有多少，并将其除以测试总数以计算误差。

> 提示 可以用新的 TrainData 类来生成特征向量（样本），并将训练数据分割为测试和训练向量。

最后，在 2D 绘图中显示训练数据，其中 y 轴是纵横比特征，x 轴是对象的面积。每个点都有不同的颜色和形状（十字形、方形和圆形），以显示每种不同类型的对象，我们可以清楚地看到图 6-8 中的对象组。

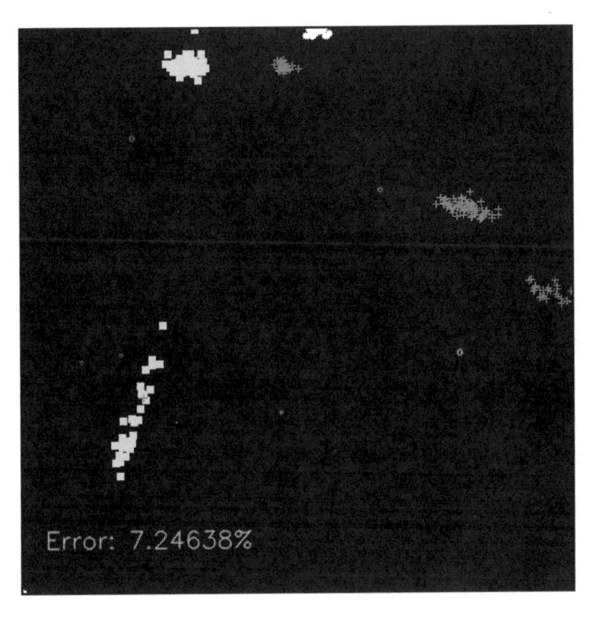

图 6-8

现在已经非常接近完成应用程序示例了。此时，我们已经训练了 SVM 模型，现在可以用它进行分类，以检测新的和未知的特征向量的类型。下一步是预测包含未知对象的输入图像。

6.4.3 输入图像预测

现在来解释主函数，它加载输入图像并预测出现在其中的对象。我们用类似图 6-9 中的内容作为输入图像，其中，图像内出现多个不同的对象。我们没有这些对象的标签或名称，但计算机必须能够识别它们。

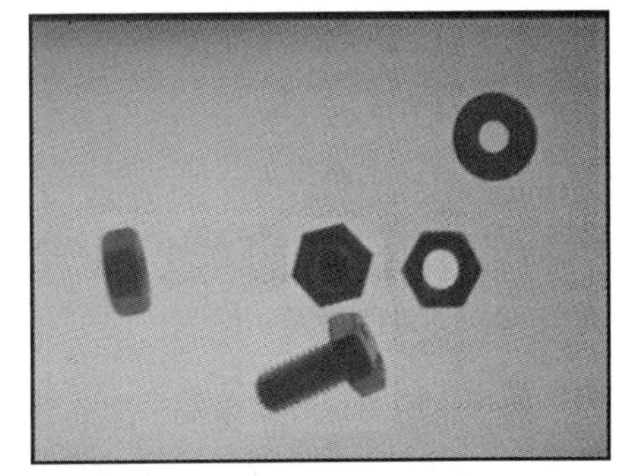

图 6-9

与所有训练图像一样，我们必须加载和预处理输入图像，如下所示：

1. 首先，加载图像并将其转换为灰度值。

2. 然后，通过 preprocessImage 函数应用预处理任务（参见第 5 章）：

```
Mat pre= preprocessImage(img);
```

3. 现在，用之前描述的 ExtractFeatures 提取图像中出现的所有对象的向量特征和每个对象的左上角位置：

```
// Extract features
vector<int> pos_top, pos_left;
vector< vector<float> >
features=ExtractFeatures(pre, &pos_left,     &pos_top);
```

4. 将检测到的每个对象存储为特征行，然后把每行转换为一行的 Mat 和两个特征：

```
for(int i=0; i< features.size(); i++){
    Mat trainingDataMat(1, 2, CV_32FC1, &features[i][0]);
```

5. 在此之后，用 StatModel SVM 的 predict 函数预测单个对象。预测的浮点结果是被检测的对象的标签。然后，为了完成应用程序，必须把检测到并经过分类的每个对象的标签绘制在输出图像上：

```
float result= svm->predict(trainingDataMat);
```

6. 用 stringstream 存储文本，并用 Scalar 存储每个不同标签的颜色：

```
stringstream ss;
Scalar color;
if(result==0){
  color= green; // NUT
  ss << "NUT";
}else if(result==1){
  color= blue; // RING
  ss << "RING" ;
}else if(result==2){
  color= red; // SCREW
  ss << "SCREW";
}
```

7. 用在 ExtractFeatures 函数中检测到的位置在每个对象上绘制标签文本：

```
putText(img_output,
       ss.str(),
       Point2d(pos_left[i], pos_top[i]),
       FONT_HERSHEY_SIMPLEX,
       0.4,
       color);
```

8. 最后，在输出窗口中绘制结果：

```
miw->addImage("Binary image", pre);
miw->addImage("Result", img_output);
miw->render();
waitKey(0);
```

应用程序的最终结果是一个包含四个屏幕的窗口，如图 6-10 所示。其中，左上角是输入的训练图像，右上角是绘制的训练数据，左下角是分析预处理图像的输入图像，右下角是最终的预测结果。

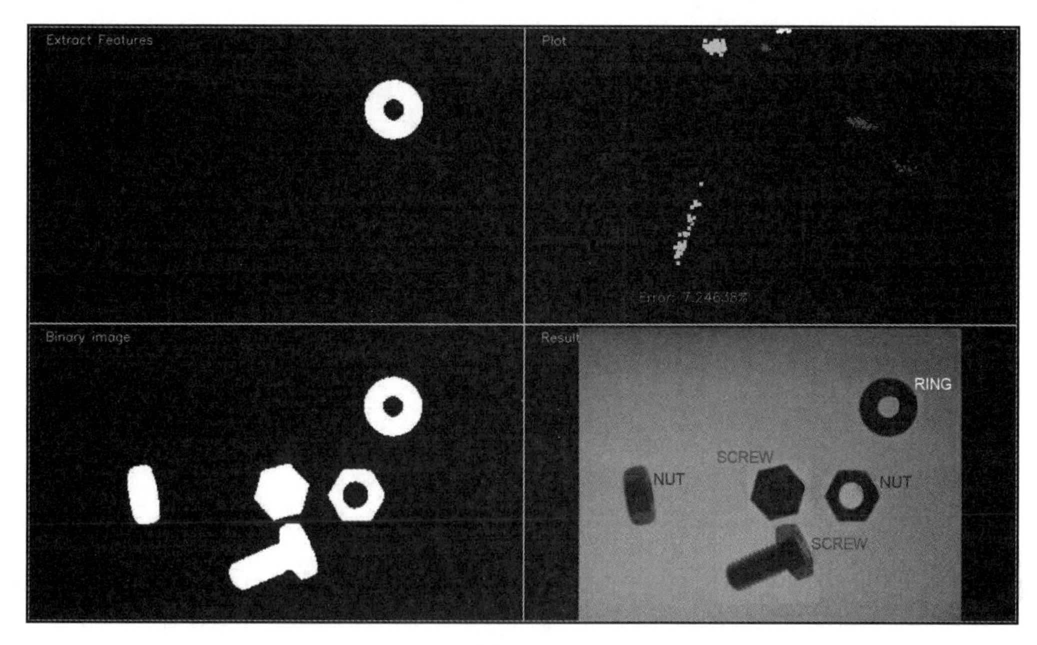

图　6-10

6.5　总结

在本章中，我们学习了机器学习的基础知识，并将其应用于小型示例应用程序中。这使我们能够理解可以用来创建自己的机器学习应用程序的基本技术。机器学习很复杂，涉及每个使用场景下的不同技术（监督学习、无监督、聚类等）。我们还学习了如何使用 SVM 创建最典型的机器学习应用程序，这是一个监督学习应用程序。监督机器学习中最重要的概念如下：你必须拥有适当数量的样本或数据集，你必须准确选择能描述对象的特征（有关图像特征的更多信息，请参考第 8 章），你必须选择能够提供最佳预测的模型。

如果我们没有得到正确的预测结果，就必须检查这些概念中的每一项以找到问题所在。

在下一章中，我们将介绍背景消减法，这些方法对于视频监控应用非常有用，在这些应用中，背景不会给我们任何有趣的信息，必须将其丢弃，以便分割图像以检测和分析图像对象。

Chapter 7 第7章

检测面部部位与覆盖面具

在第6章中，我们学习了对象分类以及如何使用机器学习来实现它。在本章中，我们将学习如何检测和跟踪不同的面部部位。我们将通过了解面部检测管道及其构建方式来开始讨论。然后使用该框架来检测面部部位，例如眼睛、耳朵、嘴巴和鼻子。最后，学习如何在实时视频中将滑稽面具放在这些面部部位上。

本章介绍以下主题：

- 了解Haar级联
- 积分图像以及我们需要它们的原因
- 构建通用的面部检测管道
- 检测并跟踪来自网络摄像头的实时视频流中的面部、眼睛、耳朵、鼻子和嘴巴
- 在视频中自动将面具、太阳镜和有趣的鼻子覆盖在人脸上

7.1 技术要求

本章要求读者熟悉基本的C++编程语言，所使用的所有代码都可以从以下GitHub链接下载：https://github.com/PacktPublishing/Learn-OpenCV-4-By-Building-Projects-Second Edition/tree/master/Chapter_07。代码可以在任何操作系统上执行，但它只在Ubuntu上进行过测试。

7.2 了解Haar级联

Haar级联是基于Haar特征的级联分类器。什么是级联分类器？它只是一组弱分类器的串联，可用于创建强分类器。弱分类和强分类是什么意思呢？弱分类器是性能有限的分类

器，它们没有能力正确地对一切事物进行分类。如果提出的问题非常简单，它们也许能在可接受的水平上被采用。另一方面，强分类器非常擅长正确分类数据。我们将在接下来的几个段落中看到它们是如何结合在一起的。Haar 级联的另一个重要部分是 Haar 特征，这些特征是矩形的简单求和，以及图像中这些区域的差异。以图 7-1 为例。

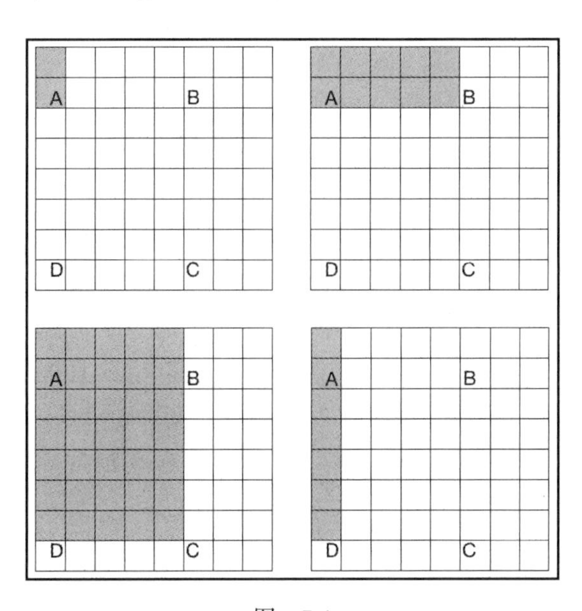

图　7-1

要想计算区域 ABCD 的 Haar 特征，只需计算该区域中白色像素和蓝色像素之间的差异。正如我们从四个图中看到的，我们用不同的模式来构建 Haar 特征。还有许多其他模式也可以被采用。我们在多个尺度上执行此操作以使系统尺度不变。当说到多尺度时，我们只是缩小图像以便再次计算相同的特征。这样可以使其对特定对象的大小变化具有鲁棒性。

提示　事实证明，这种级联系统是一种检测图像中的对象的非常好的方法。2001 年，Paul Viola 和 Michael Jones 发表了一篇开创性的论文，他们在其中描述了一种快速有效的对象检测方法。如果你有兴趣了解更多信息，可以访问 http://www.cs.ubc.ca/~lowe/425/slides/13-ViolaJones.pdf 查看他们的论文。

我们来做个深入了解，了解一下他们实际上做了些什么。他们基本上描述了一种使用简化分类器的增强级联的算法。该系统用于构建一个表现非常出色的强分类器。它们为什么要用这些简单的分类器，而不是复杂的分类器，用复杂的分类器不是可以更准确吗？这是因为使用这种技术，它们能够避免必须构建一个可以高精度执行的单个分类器的问题。这些单步分类器往往是复杂且计算密集的。其技术运作良好的原因是因为简单的分类器可能是弱学习者，这就意味着它们不需要太复杂。以构建一个桌子检测器的问题为例。我们想要构建一个能够自动学习什么是桌子的系统。基于该知识，它应该能够从任何给定的图像中识别是否存在桌子。要构建此系统，第一步是收集可用于训练该系统的图像。机器学习领域有许多可用于训练诸如此类系统的技术。请记住，如果希望系统运行良好，我们需要收集大量的桌子和非桌子图像。在机器学习术语中，桌子图像称为正样本，非桌子图像称为负样本。系统将摄取这些数据，然后学习如何区分这两个类。为了构建实时系统，需要保持分类器的简洁。唯一的问题是简单的分类器不是很准确。如果我们尝试使它们更准确，那么这个过程将最终成为计算密集型，因此会变慢。精度和速度之间的这种折中在机器学习中非常普遍。因此，我们通过连接一堆弱分类器来创建强大而统一的分类器，以克服这个问题。我们不需要弱分类器非常准确。为了确保整个分类器的质量，Viola 和 Jones 在级联步骤中描述了一种非常棒的技术。你可以通过论文来了解整个系统。

在了解一般管道之后，再来看如何构建一个可以在实时视频中检测人脸的系统。第一步是从所有图像中提取特征。在这种情况下，算法需要这些特征来学习和理解面部的外观。他们在论文中使用了 Haar 特征来构建特征向量。一旦提取到这些特征，就把它们传递给一系列的分类器。我们只检查所有不同的矩形子区域，并不断丢弃那些没有面部的子区域。这样就可以快速得出最终答案，并判断给定的矩形究竟是否包含一个面部。

7.3 什么是积分图像

为了提取这些 Haar 特征，需要计算包含在图像的许多矩形区域中的像素值的总和。为使其具有尺度不变性，就要以多个尺度计算这些区域（对于各种矩形尺寸）。假如就这样直接实施，这将是一个计算非常密集的过程，因为必须迭代每个矩形的所有像素，包括如果它们包含在不同的重叠矩形中，则要多次读取相同的像素。如果你想构建一个可以实时运行的系统，就不能在计算上花费太多时间。我们需要找到一种方法来避免面积计算期间的这种巨大冗余，因为我们会多次迭代相同的像素。为了避免这种情况，可以使用积分图像。积分图像可以以线性时间初始化（仅在图像上迭代两次），然后通过只读取四个值来提供任何大小的任何矩形内的像素之和。为了更好地理解它，我们来看图 7-2。

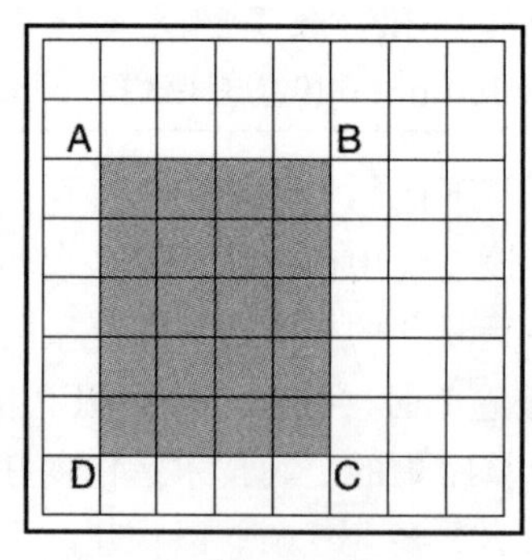

图 7-2

如果想计算图中任何矩形的面积，我们不必迭代该区域中的所有像素。考虑由图像中的左上角和任意点 P 作为对角形成的矩形，设 A_P 表示该矩形的面积。例如，在图 7-2 中，A_B 表示由左上角的点和点 B 形成的 5 × 2 的矩形区域。为清楚起见，我们来看图 7-3。

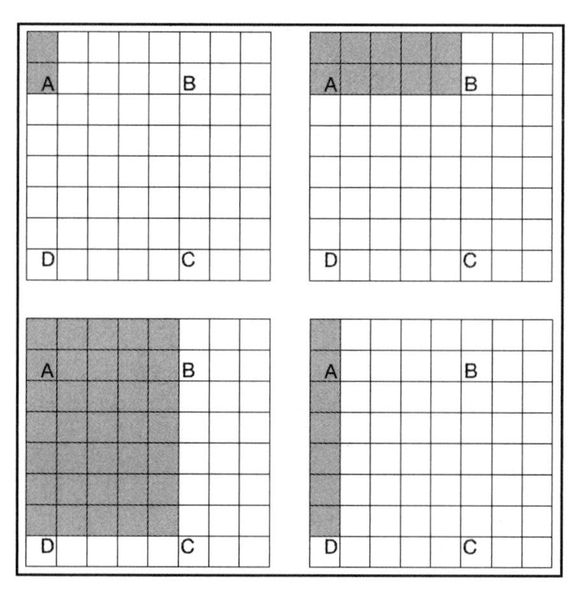

图　7-3

考虑上一张图片中的左上角矩形，蓝色像素表示左上角像素和点 A 之间的区域，该区域由 A_A 表示。其余矩形由它们各自的名称表示：A_B、A_C 和 A_D。现在，如果想要计算如图 7-3 所示的 ABCD 矩形的面积，可以使用以下公式：

矩形面积：$ABCD = A_C - (A_B + A_D - A_A)$

这个特殊公式有什么特别之处呢？我们知道，从图像中提取 Haar 特征包括计算这些总和，而我们又必须在图像中按多个尺度对很多矩形进行处理。这些计算很多都是重复的，因为会一遍又一遍地迭代处理相同的像素。这么做太慢了，如果要建立一个实时系统肯定是不可行的。因此，我们需要这个公式。如你所见，不必多次迭代处理相同的像素。如果想要计算任何矩形的面积，前面等式右边的所有值都可以在积分图像中找到。只需选取正确的值，在前面的等式中替换它们，然后提取特征。

7.4　在实时视频中覆盖面具

OpenCV 提供了一个很好的人脸检测框架。我们只需加载级联文件，并用它来检测图像中的人脸。当我们从网络摄像头捕获视频流时，可以在人脸上叠加有趣的面具，它看起来如图 7-4 所示。

图 7-4

通过查看代码的主要部分，可以看到如何在输入视频流中把这个面具覆盖在人脸上。完整的代码可在随本书提供的可下载代码包中找到：

```
#include "opencv2/core/utility.hpp"
#include "opencv2/objdetect/objdetect.hpp"
#include "opencv2/imgproc.hpp"
#include "opencv2/highgui.hpp"

using namespace cv;
using namespace std;

...

int main(int argc, char* argv[])
{
    string faceCascadeName = argv[1];
    // Variable declaration and initialization
    ...
    // Iterate until the user presses the Esc key
    while(true)
    {
        // Capture the current frame
        cap >> frame;
        // Resize the frame
        resize(frame, frame, Size(), scalingFactor, scalingFactor,
INTER_AREA);
        // Convert to grayscale
        cvtColor(frame, frameGray, COLOR_BGR2GRAY);
        // Equalize the histogram
```

```
        equalizeHist(frameGray, frameGray);
        // Detect faces
        faceCascade.detectMultiScale(frameGray, faces, 1.1, 2,
0|HAAR_SCALE_IMAGE, Size(30, 30) );
```

现在来看看这里发生了什么。首先从网络摄像头读取输入帧，并将其调整为选择的大小。捕获的帧是彩色图像，而面部检测适用于灰度图像，因此，需要将其转换为灰度图并均衡直方图。为什么需要均衡直方图？这么做是为了补偿诸如照明或饱和度等任何问题。如果图像太亮或太暗，检测效果会很差。因此，需要均衡直方图来确保图像具有健康的像素值范围：

```
        // Draw green rectangle around the face
        for(auto& face:faces)
        {
            Rect faceRect(face.x, face.y, face.width, face.height);
            // Custom parameters to make the mask fit your face. You may
have to play around with them to make sure it works.
            int x = face.x - int(0.1*face.width);
            int y = face.y - int(0.0*face.height);
            int w = int(1.1 * face.width);
            int h = int(1.3 * face.height);
            // Extract region of interest (ROI) covering your face
            frameROI = frame(Rect(x,y,w,h));
```

至此，我们就知道面部在哪里了。然后提取感兴趣的区域，并将面具覆盖在正确的位置：

```
            // Resize the face mask image based on the dimensions of the
above ROI
            resize(faceMask, faceMaskSmall, Size(w,h));
            // Convert the previous image to grayscale
            cvtColor(faceMaskSmall, grayMaskSmall, COLOR_BGR2GRAY);
            // Threshold the previous image to isolate the pixels
associated only with the face mask
            threshold(grayMaskSmall, grayMaskSmallThresh, 230, 255,
THRESH_BINARY_INV);
```

然后，隔离与面具相关的像素。我们希望以一种看起来不像矩形的方式覆盖面具，因此我们想要得到被覆盖对象的确切边界，使其看起来很自然，之后再覆盖面具：

```
            // Create mask by inverting the previous image (because we
don't want the background to affect the overlay)
            bitwise_not(grayMaskSmallThresh, grayMaskSmallThreshInv);
            // Use bitwise "AND" operator to extract precise boundary of
face mask
            bitwise_and(faceMaskSmall, faceMaskSmall, maskedFace,
grayMaskSmallThresh);
            // Use bitwise "AND" operator to overlay face mask
            bitwise_and(frameROI, frameROI, maskedFrame,
grayMaskSmallThreshInv);
            // Add the previously masked images and place it in the
original frame ROI to create the final image
            add(maskedFace, maskedFrame, frame(Rect(x,y,w,h)));
        }
```

```
    // code dealing with memory release and GUI

    return 1;
}
```

代码中发生了什么

首先要注意的是，该代码用到了两个输入参数：面部级联 XML 文件和面具图像。你可以使用 resources 文件夹下提供的 haarcascade_frontalface_alt.xml 和 facemask.jpg 文件。我们需要一个可用于检测图像中的面部的分类器模型，而 OpenCV 提供了可用于此目的的预构建 XML 文件。我们用 faceCascade.load() 函数加载 XML 文件，并检查文件是否正确加载，然后启动视频捕捉对象以捕获网络摄像头的输入帧，之后将其转换为灰度图以运行检测器。detectMultiScale 函数用于提取输入图像中所有面部的边界，我们可能必须根据需要缩小图像，而该函数中的第二个参数负责处理此问题。这个缩放因子以每个尺度为变化幅度，因为我们需要以多个尺度寻找面部，所以下一个尺寸将比当前尺寸大 1.1 倍。最后一个参数是一个阈值，用于指定保持当前矩形所需的相邻矩形的数量，它可用于增加面部检测器的鲁棒性。然后，启动 while 循环并在每个帧中继续检测面部，直到用户按下 Esc 键。一旦检测到面部，就需要在其上覆盖一个面具。我们可能需要稍微修改一点尺寸，以确保面具能够很好地适应大小。这种定制有点主观，它取决于正在使用的面具。现在我们已经提取出了感兴趣区域，需要把面具放在这个区域上面。如果用带有白色背景的面具覆盖下去，看起来会很奇怪，因此必须提取面具的精确弯曲边界然后覆盖它。我们希望面具主体的像素可见，而其余区域应该是透明的。

正如我们看到的，输入面具具有白色背景。因此，我们通过对面具图像应用阈值来创建一个面具。通过反复试验，可以看到 240 的阈值效果很好。在图像中，强度值大于 240 的所有像素将变为 0，而所有其他像素将变为 255。就感兴趣区域而言，必须使该区域中的所有像素变黑。为此，只要使用刚刚创建的面具的反转结果就可以了。在最后一步中，只需添加面具版本即可生成最终的输出图像。

7.5 戴上太阳镜

现在我们已经了解了如何检测面部，可以把这个概念一般化，用来检测面部的不同部位。我们将会用眼睛探测器在现场视频中叠加太阳镜。了解 Viola-Jones 框架可以应用于任何对象是非常重要的。准确性和稳定性将取决于对象的唯一性。例如，人脸具有非常独特的特征，因此很容易把系统训练得非常稳定。另一方面，诸如毛巾之类的对象太通用，并且它没有这样明显的区别特征，因此构建稳定的毛巾检测器更加困难。一旦你构建了眼睛探测器并覆盖了眼镜，它看起来会像图 7-5 这样。

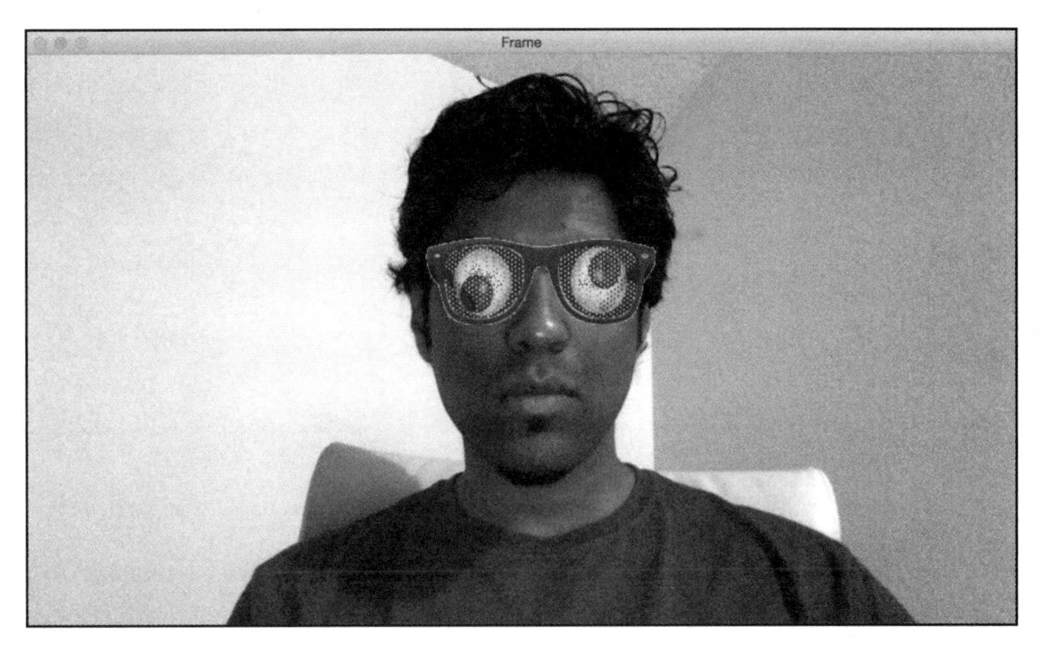

图　7-5

我们来看看代码的主要部分：

```
...
int main(int argc, char* argv[])
{
    string faceCascadeName = argv[1];
    string eyeCascadeName = argv[2];

    // Variable declaration and initialization
    ....
    // Face detection code
    ....
    vector<Point> centers;
    ....
    // Draw green circles around the eyes
    for( auto& face:faces )
    {
        Mat faceROI = frameGray(face[i]);
        vector<Rect> eyes;
        // In each face, detect eyes eyeCascade.detectMultiScale(faceROI,
eyes, 1.1, 2, 0 |CV_HAAR_SCALE_IMAGE, Size(30, 30));
```

正如在这里看到的，我们只在面部区域运行眼睛检测器，并不需要在整个图像中搜索眼睛，因为我们知道眼睛总是长在脸上的：

```
        // For each eye detected, compute the center
        for(auto& eyes:eyes)
        {
            Point center( face.x + eye.x + int(eye.width*0.5), face.y +
eye.y + int(eye.height*0.5) );
            centers.push_back(center);
```

```
            }
        }
        // Overlay sunglasses only if both eyes are detected
        if(centers.size() == 2)
        {
            Point leftPoint, rightPoint;
            // Identify the left and right eyes
            if(centers[0].x < centers[1].x)
            {
                leftPoint = centers[0];
                rightPoint = centers[1];
            }
            else
            {
                leftPoint = centers[1];
                rightPoint = centers[0];
            }
```

只有当两只都找到时才算检测到眼睛，并存储它们。然后用它们的坐标来确定哪一只是左眼，哪一只是右眼：

```
            // Custom parameters to make the sunglasses fit your face. You
may have to play around with them to make sure it works.
            int w = 2.3 * (rightPoint.x - leftPoint.x);
            int h = int(0.4 * w);
            int x = leftPoint.x - 0.25*w;
            int y = leftPoint.y - 0.5*h;
            // Extract region of interest (ROI) covering both the eyes
            frameROI = frame(Rect(x,y,w,h));
            // Resize the sunglasses image based on the dimensions of the
above ROI
            resize(eyeMask, eyeMaskSmall, Size(w,h));
```

在上面的代码中，我们调整了太阳镜的大小以适应网络摄像头中脸部的比例。来看看剩下的代码：

```
            // Convert the previous image to grayscale
            cvtColor(eyeMaskSmall, grayMaskSmall, COLOR_BGR2GRAY);
            // Threshold the previous image to isolate the foreground
object
            threshold(grayMaskSmall, grayMaskSmallThresh, 245, 255,
THRESH_BINARY_INV);
            // Create mask by inverting the previous image (because we
don't want the background to affect the overlay)
            bitwise_not(grayMaskSmallThresh, grayMaskSmallThreshInv);
            // Use bitwise "AND" operator to extract precise boundary of
sunglasses
            bitwise_and(eyeMaskSmall, eyeMaskSmall, maskedEye,
grayMaskSmallThresh);
            // Use bitwise "AND" operator to overlay sunglasses
            bitwise_and(frameROI, frameROI, maskedFrame,
grayMaskSmallThreshInv);
            // Add the previously masked images and place it in the
original frame ROI to create the final image
            add(maskedEye, maskedFrame, frame(Rect(x,y,w,h)));
        }
```

```
        // code for memory release and GUI

    return 1;
}
```

查看代码内部

你可能已经注意到，代码流看起来类似于在实时视频部分中覆盖面具时讨论的面部检测代码。我们加载了面部检测级联分类器以及眼睛检测级联分类器。现在，为什么在检测眼睛时需要加载面部级联分类器呢？好吧，其实我们并不需要使用面部检测器，但它可以帮助限制对眼睛位置的搜索。我们知道眼睛总是位于某个人的脸上，所以，这样就能够把对眼睛的检测限制在面部区域。第一步是检测面部，然后在该区域运行眼睛检测器代码。由于在较小的区域上运行，因此速度更快，效率更高。

对于每一帧图像，首先检测面部，然后继续在该区域检测眼睛的位置。在这一步之后覆盖太阳镜。要做到这一点，需要调整太阳镜图像的大小，以确保它适合面部。为了获得适当的比例，可以考虑被检测的两只眼睛之间的距离。太阳镜只在检测到双眼时才被覆盖。这就是首先运行眼睛探测器以收集所有的中心点，然后覆盖太阳镜的原因。一旦完成这一步，只需覆盖太阳镜就可以了。覆盖太阳镜的原理与覆盖面具的原理非常相似。你可能需要根据自己的需要自定义太阳镜的尺寸和位置。你还可以玩各种类型的太阳镜，看看它们的样子。

7.6　跟踪鼻子、嘴巴和耳朵

现在你已经知道了如何使用框架跟踪不同的物体，你也可以尝试跟踪你的鼻子、嘴巴和耳朵。我们来用鼻子探测器覆盖一个有趣的鼻子，如图 7-6 所示。

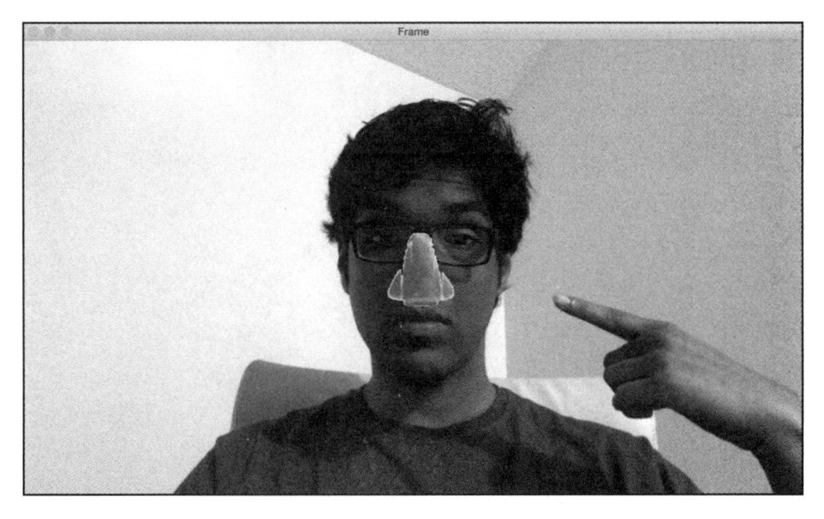

图　7-6

你可以参考代码文件以获得该检测器的完整实现。haarcascade_mcs_nose.xml、haarcascade_mcs_mouth.xml、haarcascade_mcs_leftear.xml 和 haarcascade_mcs_rightear.xml 级联文件可用于跟踪不同的面部部位。用它们玩一玩，并尝试把胡子或吸血鬼的耳朵覆盖在自己头上。

7.7 总结

在本章中，我们讨论了 Haar 级联和积分图像。研究了如何构建人脸检测管道。学习了如何在实时视频流中检测和跟踪人脸。讨论了使用面部检测框架来检测各种面部部位，例如眼睛、耳朵、鼻子和嘴巴。最后，我们学习了如何使用面部部位检测的结果在输入图像上叠加面具。

在下一章中，我们将学习视频监控、背景减除和形态图像处理。

第 8 章 Chapter 8

视频监控、背景建模和形态学操作

在本章中，我们将学习如何从静止相机拍摄的视频中检测移动对象，这在视频监控系统中被广泛使用。我们将讨论可用于构建此系统的不同特征，还要学习背景建模，并了解如何使用它来构建实时视频中的背景模型。做完这些之后，我们将结合所有部分来检测视频中感兴趣的对象。

本章介绍以下主题：

- 什么是直接背景减除？
- 什么是帧差分？
- 如何建立背景模型？
- 如何识别静态视频中的新对象？
- 什么是形态学图像处理以及它与背景建模有何关系？
- 如何使用形态学运算符实现不同的效果？

8.1 技术要求

本章要求读者熟悉 C++ 编程语言的基础知识，所使用的所有代码都可以从以下 GitHub 链接下载：https://github.com/PacktPublishing/Learn-OpenCV-4-By-Building-Projects-Second-Edition/tree/master/Chapter_08。代码可以在任何操作系统上执行，尽管它只在 Ubuntu 上做过测试。

8.2 理解背景减除

背景减除在视频监控中非常有用。基本上，背景减除技术在必须检测静态场景中的移动对象的情况下表现得非常好。这对视频监控有什么用呢？视频监控过程涉及处理持续的数据流，数据流不断进入，我们需要对其进行分析以识别任何可疑的活动。以酒店大堂作为例子，所有的墙壁和家具都有固定的位置。如果我们构建背景模型，就可以用它来识别大厅中的可疑活动。我们利用背景场景保持静态这一事实（在这种情况下恰好是这样的）的优势，这有助于避免任何不必要的计算开销。正如名称所示，该算法可以检测图像的每个像素，并将其分配给背景（假定为静态且稳定）或前景这两个类，然后从当前帧中减去它以获得前景图像部分。其中的前景图像部分包括诸如人、汽车等移动对象。使用这种静态假设，前景对象将自然地对应于在背景前移动的对象或人。

为了检测移动对象，需要建立一个背景模型。这与直接帧差分不同，因为我们实际上是在建模背景并用此模型来检测移动对象。当我们说正在为背景建模时，基本上是指建立一个可用于表示背景的数学公式。这比简单的帧差分技术要好得多。此技术尝试检测场景中的静态部分，然后在背景模型的构建统计公式中包含小的更新，之后使用该背景模型来检测背景像素。因此，它是一种可以根据场景进行调整的自适应技术。

8.3 直接的背景减除

我们从头开始讨论背景减除过程是什么样的，以图 8-1 为例。

图 8-1

图 8-1 代表背景场景。现在，我们在这个场景中引入一个新的对象，如图 8-2 所示。

图　8-2

正如我们看到的，场景中有一个新对象。因此，如果计算该图像与背景模型之间的差异，应该能够识别出电视遥控器的位置，如图 8-3 所示。

图　8-3

整个过程如图 8-4 所示。

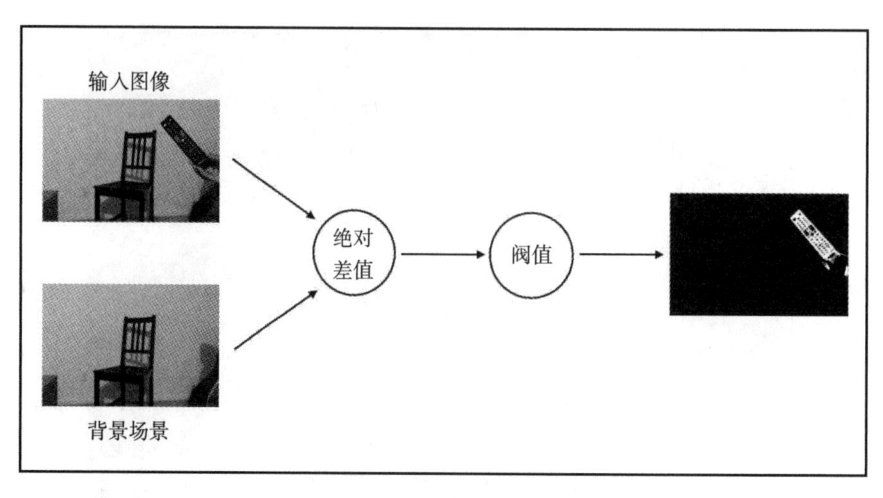

图 8-4

它能管用吗

我们称之为直接方法是有原因的！它在理想条件下工作，而且，正如我们所知，在现实世界中没有任何东西是理想的。它在计算给定对象的形状方面做得相当不错，但这是在某些约束条件下完成的。这种方法的主要要求之一是对象的颜色和亮度要与背景的颜色和亮度差异足够大。影响此类算法的一些因素是图像噪声、光照条件和相机中的自动对焦。

一旦有新的对象进入场景并停留在那里，就很难检测到位于它前面的那些新的对象了。这是因为我们没有更新背景模型，新对象现在是背景的一部分。请考虑图 8-5。

图 8-5

现在，我们让一个新的对象进入该场景，如图 8-6 所示。

我们检测到这是一个新的对象，这很好！我们再让另一个对象进入场景，如图 8-7 所示。

图　8-6

图　8-7

由于它们的位置是重叠的，因此难以识别这两个不同对象的位置。图 8-8 是减去背景并应用阈值后得到的结果。

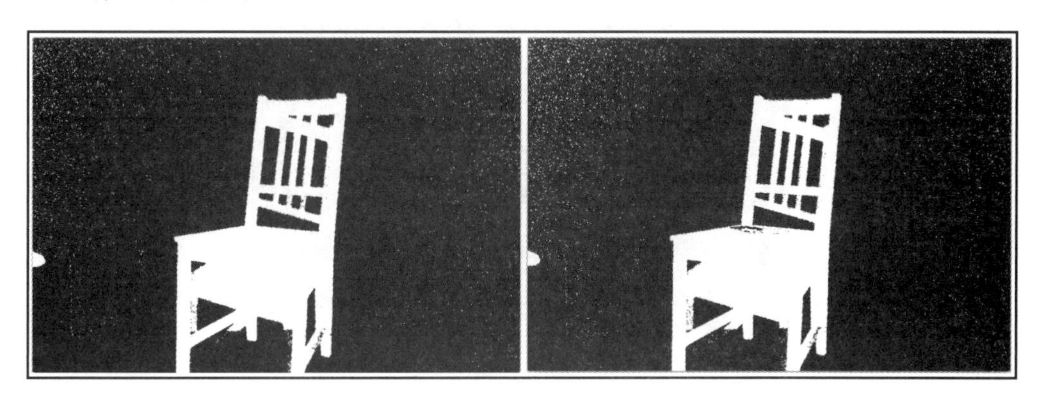

图　8-8

在这种方法中，我们假设背景是静态的。如果背景的某些部分开始移动，那些部分将开始被检测为新对象。因此，即使是轻微的动作，比如挥动旗帜，也会导致检测算法出现问题。这个方法对照明的变化也很敏感，并且它无法处理任何相机移动。不用说，这是一种脆弱的方法！我们需要的是能够处理现实世界中所有这些事物的方法。

8.4 帧差分

我们知道不能保留可用于检测对象的静态背景图像模式，解决这个问题的方法之一是使用帧差分，这是我们可以用来查看视频的哪些部分正在移动的最简单的技术之一。当考虑实时视频流时，连续帧之间的差异会提供大量信息。这个概念相当简单！只需取得连续帧之间的差异，并显示这些差异。

如果我快速移动笔记本电脑，可以看到如图 8-9 所示的景像。

图 8-9

不动笔记本电脑，这次来移动对象，看看会发生什么。如果我快速摇头，看起来会像图 8-10 这样。

图 8-10

从上面的图像中可以看出，只有视频的移动部分会突出显示。这就给我们提供了一个很好的起点，可以看到视频中正在移动的区域。我们来看看计算帧差分的函数：

```
Mat frameDiff(Mat prevFrame, Mat curFrame, Mat nextFrame)
{
    Mat diffFrames1, diffFrames2, output;
    // Compute absolute difference between current frame and the next
    absdiff(nextFrame, curFrame, diffFrames1);
    // Compute absolute difference between current frame and the previous
    absdiff(curFrame, prevFrame, diffFrames2);
    // Bitwise "AND" operation between the previous two diff images
    bitwise_and(diffFrames1, diffFrames2, output);
    return output;
}
```

帧差分相当简单！你可以计算当前帧与前一帧之间，以及当前帧与下一帧之间的绝对差值。然后，采用这些帧差异并应用按位 AND 运算符。这一步运算将会突出显示图像中的移动部分。如果只是计算当前帧和前一帧之间的差异，往往会产生噪声。因此，当看到移动的对象时，我们需要在连续的帧差分之间使用按位 AND 运算符来获得一些稳定性。

我们来看一下可以从网络摄像头中提取和返回帧的函数：

```
Mat getFrame(VideoCapture cap, float scalingFactor)
{
    Mat frame, output;

    // Capture the current frame
    cap >> frame;

    // Resize the frame
    resize(frame, frame, Size(), scalingFactor, scalingFactor, INTER_AREA);

    // Convert to grayscale
    cvtColor(frame, output, COLOR_BGR2GRAY);

    return output;
}
```

可以看到，这个函数非常简单。只需要调整帧的大小并将其转换为灰度。现在我们就准备好了辅助函数，再看一下 main 函数，看看它们是如何组合在一起的：

```
int main(int argc, char* argv[])
{
    Mat frame, prevFrame, curFrame, nextFrame;
    char ch;

    // Create the capture object
    // 0 -> input arg that specifies it should take the input from the
webcam
    VideoCapture cap(0);

    // If you cannot open the webcam, stop the execution!
    if(!cap.isOpened())
        return -1;

    //create GUI windows
    namedWindow("Frame");
```

```
    // Scaling factor to resize the input frames from the webcam
    float scalingFactor = 0.75;

    prevFrame = getFrame(cap, scalingFactor);
    curFrame = getFrame(cap, scalingFactor);
    nextFrame = getFrame(cap, scalingFactor);

    // Iterate until the user presses the Esc key
    while(true)
    {
        // Show the object movement
        imshow("Object Movement", frameDiff(prevFrame, curFrame,
nextFrame));

        // Update the variables and grab the next frame
        prevFrame = curFrame;
        curFrame = nextFrame;
        nextFrame = getFrame(cap, scalingFactor);

        // Get the keyboard input and check if it's 'Esc'
        // 27 -> ASCII value of 'Esc' key
        ch = waitKey( 30 );
        if (ch == 27) {
            break;
        }
    }
    // Release the video capture object
    cap.release();

    // Close all windows
    destroyAllWindows();

    return 1;
}
```

它的效果如何

可以看到，帧差分解决了我们之前遇到的一些重要问题。它可以快速适应照明变化或相机移动。如果一个对象进入帧并停留在那里，那么在未来的帧中将不会检测它。这种方法的主要问题之一是检测均匀着色的对象，它只能检测均匀着色的对象的边缘，原因是该对象的很大一部分有着非常低的像素差异，如图 8-11 所示。

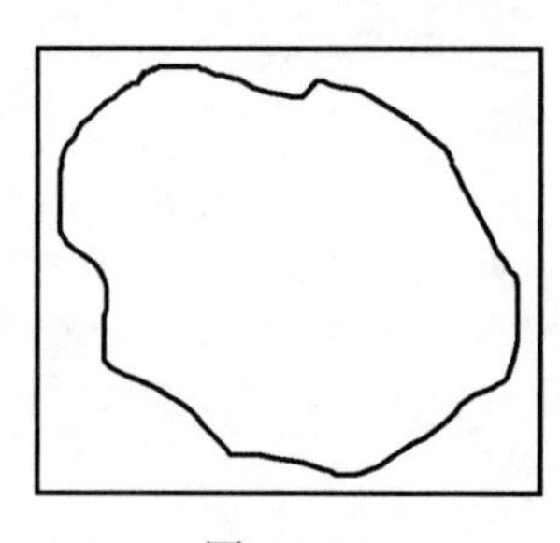

图 8-11

假设这个对象略有移动，如果将它与前一帧进行比较，看起来会如图 8-12 所示。

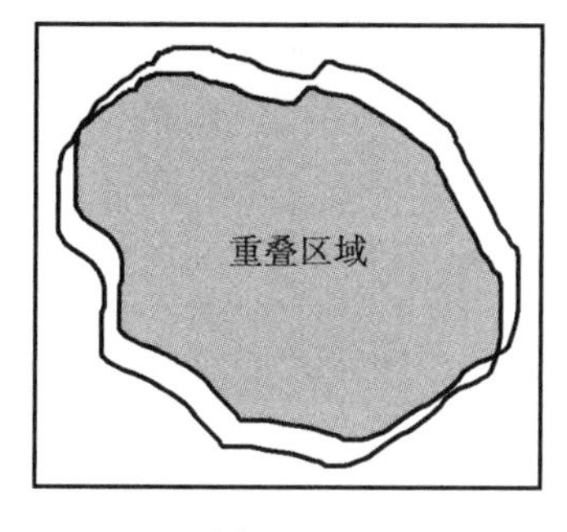

图 8-12

因此，在该对象上标记的像素非常少，另一个问题是难以检测对象是否朝向相机或远离相机移动。

8.5 高斯混合方法

在谈论高斯混合（MOG）之前，先看看混合模型是什么。混合模型只是一个统计模型，可用于表示数据中是否存在子群体。我们并不关心每个数据点属于哪个类别，只是确定数据中包含多个组。如果用高斯函数表示每个子群体，那么它就称为高斯混合。以图 8-13 为例。

图 8-13

现在，随着我们在这个场景中收集更多帧，图像的每个部分将逐渐成为背景模型的一部分。这也是我们之前在帧差分部分中讨论过的内容。如果场景是静态的，则模型会自行调整以确保背景模型被更新。本应代表前景对象的前景蒙罩此时看起来像黑色图像，因为每个像素都是背景模型的一部分。

提示 OpenCV 提供了高斯混合方法的多种算法实现。其中一个称为 MOG，另一个称为 MOG2：请参阅此链接以获取详细说明：http://docs.opencv.org/master/db/d5c/tutorial_py_bg_subtraction.HTML#gsc.tab= 0。还可以查看关于实现这些算法的原始研究论文。

我们等待一段时间，然后在场景中引入一个新的对象。看一下采用 MOG2 方法的新前景蒙罩的样子，如图 8-14 所示。

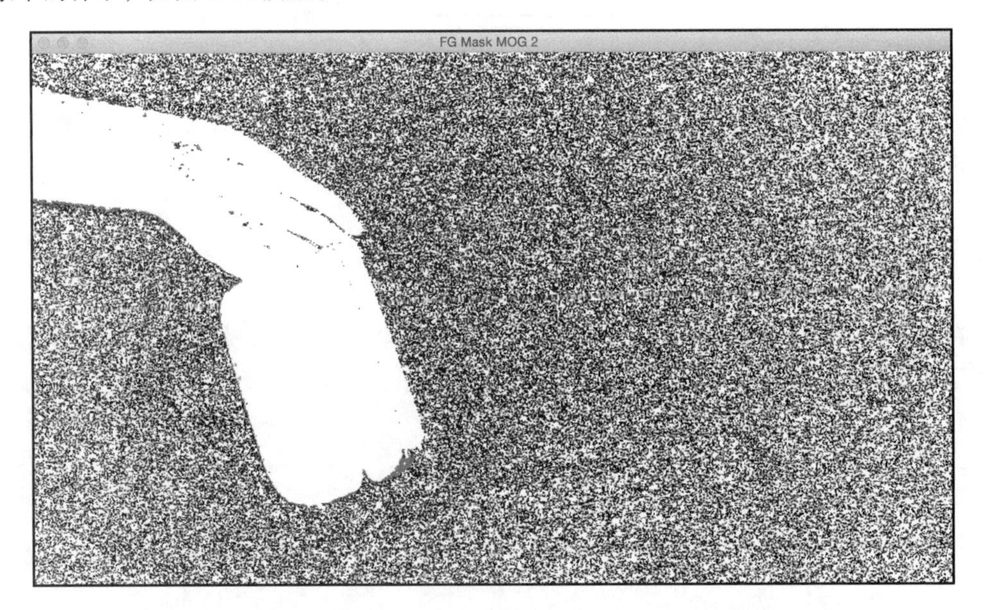

图 8-14

如你所见，新对象被正确识别了。看一下代码中有趣的部分（可以在 .cpp 文件中获得完整的代码）：

```
int main(int argc, char* argv[])
{

    // Variable declaration and initialization
    ....
    // Iterate until the user presses the Esc key
    while(true)
    {
        // Capture the current frame
        cap >> frame;

        // Resize the frame
        resize(frame, frame, Size(), scalingFactor, scalingFactor,
INTER_AREA);
```

```
        // Update the MOG2 background model based on the current frame
        pMOG2->apply(frame, fgMaskMOG2);

        // Show the MOG2 foreground mask
        imshow("FG Mask MOG 2", fgMaskMOG2);

        // Get the keyboard input and check if it's 'Esc'
        // 27 -> ASCII value of 'Esc' key
        ch = waitKey( 30 );
        if (ch == 27) {
            break;
        }
    }

    // Release the video capture object
    cap.release();

    // Close all windows
    destroyAllWindows();

    return 1;
}
```

代码中发生了什么

让我们快速浏览一下代码，看看里面发生了什么。我们用高斯混合模型来创建背景减法器对象，该对象表示当从网络摄像头遇到新的帧时将要更新的模型。我们初始化了两个背景减除模型：BackgroundSubtractorMOG 和 BackgroundSubtractorMOG2。它们代表两种用于背景减除的算法。第一个参考了 P. KadewTraKuPong 和 R. Bowden 撰写的题为“An Improved Adaptive Background Mixture Model for Real-time Tracking with Shadow Detection”的论文。你可以在 http://personal.ee.surrey.ac.uk/Personal/R.Bowden/publications/avbs01/avbs01.pdf 查看它。第二个参考了 Z.Zivkovic 的论文，标题为“Improved Adaptive Gaussian Mixture Model for Background Subtraction”，你可以在 http://www.zoranz.net/Publications/zivkovic2004ICPR.pdf 查看它。

我们启动无限 while 循环，并连续读取网络摄像头的输入帧，并更新每个帧的背景模型，如下面这行代码所示：

```
pMOG2->apply(frame, fgMaskMOG2);
```

背景模型在这些步骤中得到更新。现在，如果一个新对象进入场景并停留在那里，它将成为背景模型的一部分。这有助于我们克服直接背景减除模型的一个最大缺点。

8.6　形态学图像处理

如前所述，背景减除方法受许多因素影响，它们的准确性取决于如何捕获数据以及如何处理数据。影响这些算法的最大因素之一是噪声水平，这里的噪声指的是诸如图像中的

颗粒和孤立的黑 / 白像素之类的东西，这些问题往往会影响到算法的质量，这正是形态学图像处理技术发挥作用的地方。形态学图像处理广泛用于许多实时系统中以确保输出的质量。形态学图像处理是指处理图像中特征的形状，例如，可以让形状更厚或更薄。形态学运算符不依赖于像素在图像中的排序方式，而是依赖于它们的值，这就是为什么它们非常适合操纵二进制图像中的形状。形态学图像处理也可以应用于灰度图像，但像素值将不会很重要。

基本原则是什么

形态学运算符使用结构元素来修改图像。什么是结构元素？结构元素基本上是小形状，可用于检查图像中的小区域。它位于图像中的所有像素位置，这样它就可以检查邻居。我们基本上采用一个小窗口并将其覆盖在一个像素上。根据响应，我们会在该像素位置执行适当的操作。

以图 8-15 为例。

图 8-15

我们将会对这幅图像应用一组形态学操作，来查看其形状是如何变化的。

8.7 使形状变细

我们使用称为侵蚀的操作来实现这种效果，这是通过剥离图像中所有形状的边界层，从而使形状变细的操作，如图 8-16 所示。

图 8-16

我们来看看执行形态侵蚀的函数：

```
Mat performErosion(Mat inputImage, int erosionElement, int erosionSize)
{
```

```
    Mat outputImage;
    int erosionType;

    if(erosionElement == 0)
        erosionType = MORPH_RECT;
    else if(erosionElement == 1)
        erosionType = MORPH_CROSS;
    else if(erosionElement == 2)
        erosionType = MORPH_ELLIPSE;

    // Create the structuring element for erosion
    Mat element = getStructuringElement(erosionType, Size(2*erosionSize +
1, 2*erosionSize + 1), Point(erosionSize, erosionSize));

    // Erode the image using the structuring element
    erode(inputImage, outputImage, element);

    // Return the output image
    return outputImage;
}
```

你可以查看 .cpp 文件中的完整代码，以了解如何使用此功能。我们基本上使用内置的 OpenCV 函数来构建结构元素。此对象用作探针，用来根据特定条件修改每个像素。这些条件指的是图像中特定像素周围发生的情况。例如，它是否被白色像素包围？还是被黑色像素环绕？一旦得到了答案，就执行适当的操作。

8.8　使形状变粗

我们用称为膨胀的操作来实现变粗，这是通过向图像中的所有形状添加边界图层来使形状变粗的操作，如图 8-17 所示。

图　8-17

以下代码实现此操作：

```
Mat performDilation(Mat inputImage, int dilationElement, int dilationSize)
{
    Mat outputImage;
    int dilationType;

    if(dilationElement == 0)
```

```
        dilationType = MORPH_RECT;
    else if(dilationElement == 1)
        dilationType = MORPH_CROSS;
    else if(dilationElement == 2)
        dilationType = MORPH_ELLIPSE;

    // Create the structuring element for dilation
    Mat element = getStructuringElement(dilationType, Size(2*dilationSize +
1, 2*dilationSize + 1), Point(dilationSize, dilationSize));

    // Dilate the image using the structuring element
    dilate(inputImage, outputImage, element);

    // Return the output image
    return outputImage;
}
```

8.9 其他形态运算符

还有其他一些有趣的形态运算符，我们先来看一下输出图像，代码在本节末尾。

8.9.1 形态开口

这是给一个形状开口的操作，该操作符经常用于图像中的噪声消除。它基本上是先侵蚀，然后膨胀。形态开口通过将小对象放在背景中来从图像的前景中移除它们，如图 8-18 所示。

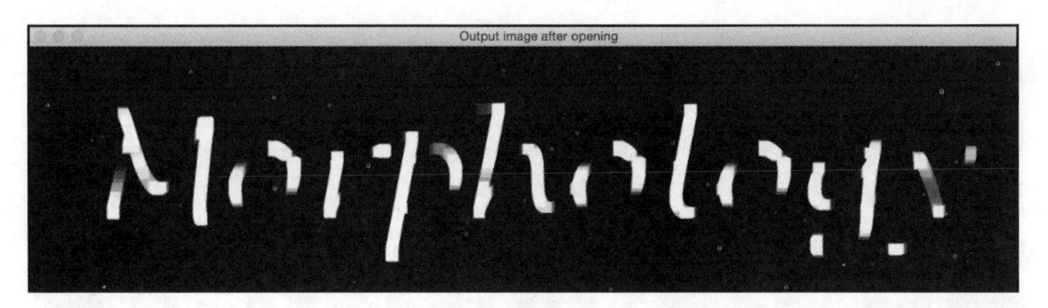

图 8-18

这是实现形态开口的函数：

```
Mat performOpening(Mat inputImage, int morphologyElement, int
morphologySize)
{

    Mat outputImage, tempImage;
    int morphologyType;

    if(morphologyElement == 0)
        morphologyType = MORPH_RECT;
```

```
    else if(morphologyElement == 1)
        morphologyType = MORPH_CROSS;
    else if(morphologyElement == 2)
        morphologyType = MORPH_ELLIPSE;

    // Create the structuring element for erosion
    Mat element = getStructuringElement(morphologyType,
Size(2*morphologySize + 1, 2*morphologySize + 1), Point(morphologySize,
morphologySize));

    // Apply morphological opening to the image using the structuring
element
    erode(inputImage, tempImage, element);
    dilate(tempImage, outputImage, element);

    // Return the output image
    return outputImage;
}
```

正如在这里看到的，我们在图像上应用了侵蚀和膨胀来实现形态开口。

8.9.2　形态闭合

这是通过填充间隙来闭合形状的操作，如图 8-19 所示，该操作也用于去除噪声。它基本上是先膨胀，然后侵蚀。此操作通过把背景中的小对象来放入前景中来移除前景中的小孔。

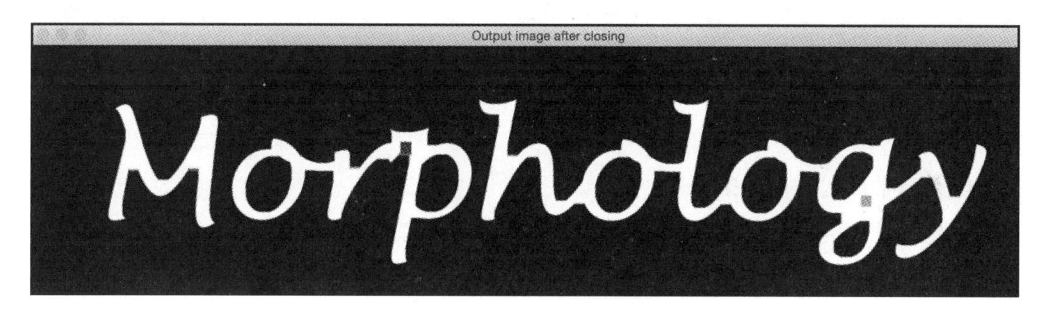

图　8-19

我们来快速看一下执行形态闭合的函数：

```
Mat performClosing(Mat inputImage, int morphologyElement, int
morphologySize)
{

    Mat outputImage, tempImage;
    int morphologyType;

    if(morphologyElement == 0)
        morphologyType = MORPH_RECT;
    else if(morphologyElement == 1)
        morphologyType = MORPH_CROSS;
    else if(morphologyElement == 2)
```

```
        morphologyType = MORPH_ELLIPSE;
    // Create the structuring element for erosion
    Mat element = getStructuringElement(morphologyType,
Size(2*morphologySize + 1, 2*morphologySize + 1), Point(morphologySize,
morphologySize));

    // Apply morphological opening to the image using the structuring
element
    dilate(inputImage, tempImage, element);
    erode(tempImage, outputImage, element);
    // Return the output image
    return outputImage;
}
```

8.9.3 绘制边界

我们用形态学梯度实现这一目标。该操作通过获取图像的膨胀和侵蚀之间的差异来绘制围绕形状的边界，如图 8-20 所示。

图 8-20

实现形态学梯度的函数如下：

```
Mat performMorphologicalGradient(Mat inputImage, int morphologyElement, int
morphologySize)
{
    Mat outputImage, tempImage1, tempImage2;
    int morphologyType;

    if(morphologyElement == 0)
        morphologyType = MORPH_RECT;
    else if(morphologyElement == 1)
        morphologyType = MORPH_CROSS;
    else if(morphologyElement == 2)
        morphologyType = MORPH_ELLIPSE;
    // Create the structuring element for erosion
    Mat element = getStructuringElement(morphologyType,
Size(2*morphologySize + 1, 2*morphologySize + 1), Point(morphologySize,
morphologySize));
    // Apply morphological gradient to the image using the structuring
element
    dilate(inputImage, tempImage1, element);
    erode(inputImage, tempImage2, element);
```

```
    // Return the output image
    return tempImage1 - tempImage2;
}
```

8.9.4 礼帽变换

该变换从图像中提取更精细的细节，这是输入图像与其形态开口之间的差异，它使图像中的对象小于结构元素，并且比周围环境更亮。根据结构元素的大小，可以提取给定图像中的各种对象，如图 8-21 所示。

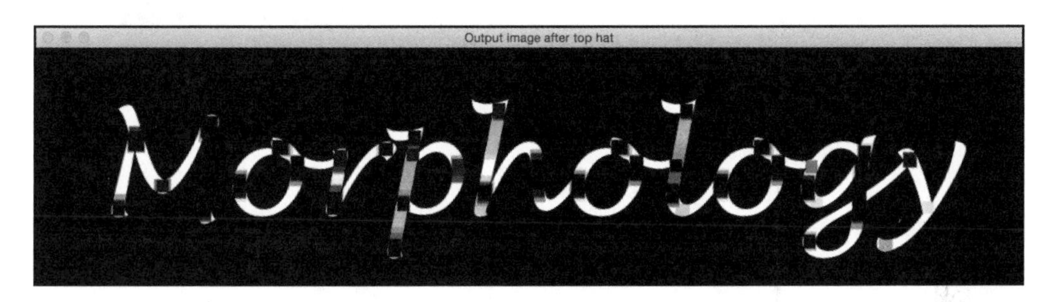

图 8-21

如果仔细观察输出图像，可以看到那些黑色矩形。这意味着结构元素能够适应那里，因此这些区域被黑化了。下面是函数：

```
Mat performTopHat(Mat inputImage, int morphologyElement, int
morphologySize)
{

    Mat outputImage;
    int morphologyType;

    if(morphologyElement == 0)
        morphologyType = MORPH_RECT;
    else if(morphologyElement == 1)
        morphologyType = MORPH_CROSS;
    else if(morphologyElement == 2)
        morphologyType = MORPH_ELLIPSE;

    // Create the structuring element for erosion
    Mat element = getStructuringElement(morphologyType,
Size(2*morphologySize + 1, 2*morphologySize + 1), Point(morphologySize,
morphologySize));

    // Apply top hat operation to the image using the structuring element
    outputImage = inputImage - performOpening(inputImage,
morphologyElement, morphologySize);

    // Return the output image
    return outputImage;
}
```

8.9.5 黑帽变换

该变换也从图像中提取更精细的细节，这是图像的形态闭合与图像本身之间的差异，它使得图像中的对象比结构元素小，并且比周围环境更暗，如图 8-22 所示。

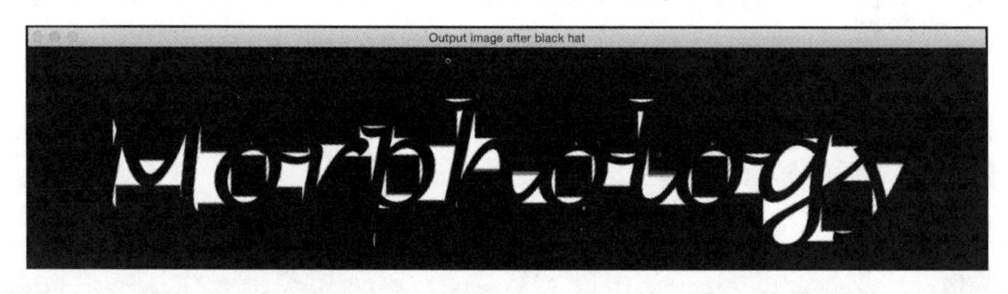

图 8-22

看一下执行黑帽变换的函数：

```
Mat performBlackHat(Mat inputImage, int morphologyElement, int
morphologySize)
{
    Mat outputImage;
    int morphologyType;

    if(morphologyElement == 0)
        morphologyType = MORPH_RECT;
    else if(morphologyElement == 1)
        morphologyType = MORPH_CROSS;
    else if(morphologyElement == 2)
        morphologyType = MORPH_ELLIPSE;

    // Create the structuring element for erosion
    Mat element = getStructuringElement(morphologyType,
Size(2*morphologySize + 1, 2*morphologySize + 1), Point(morphologySize,
morphologySize));

    // Apply black hat operation to the image using the structuring element
    outputImage = performClosing(inputImage, morphologyElement,
morphologySize) - inputImage;

    // Return the output image
    return outputImage;
}
```

8.10 总结

在本章中，我们介绍了用于背景建模和形态图像处理的算法。讨论了直接背景减除及其局限性。探究了如何使用帧差分获取运动信息，以及当我们想要跟踪不同类型的对象时它如何受到限制，这就引出了对高斯混合体的讨论，我们讨论了相应的公式以及如何实现它。然后讨论了可用于各种目的的形态图像处理，并且涵盖了不同的操作以显示应用场景。

在下一章中，我们将讨论对象跟踪以及可用于执行此操作的各种技术。

第 9 章 Chapter 9

学习对象跟踪

在上一章中，我们学习了视频监控，背景建模和形态图像处理。我们讨论了如何使用不同的形态学运算符将炫酷的视觉效果应用于输入图像。在本章中，我们将学习如何跟踪实时视频中的对象。我们将讨论可用于跟踪对象的不同特征。我们还将了解对象跟踪的不同方法和技术。对象跟踪广泛用于机器人技术、自动驾驶汽车、车辆追踪、运动员追踪和视频压缩。

本章介绍以下主题：

- 如何跟踪特定颜色的对象
- 如何构建交互式对象跟踪器
- 什么是角落探测器
- 如何检测用于跟踪的好的特征
- 如何构建基于光流的特征跟踪器

9.1 技术要求

本章要求读者熟悉 C++ 编程语言的基础知识，所使用的所有代码都可以从以下 GitHub 链接下载：https://github.com/PacktPublishing/Learn-OpenCV-4-By-Building-Projects-Second-Edition/tree/master/Chapter_09。代码可以在任何操作系统上执行，尽管只在 Ubuntu 上做过测试。

9.2 跟踪特定颜色的对象

为了构建一个好的对象跟踪器，需要了解通过使用哪些特性能够让跟踪稳定且准确。

所以，我们向这个方向迈出一步，看看是否可以使用色彩空间信息来构建一个好的视觉跟踪器。要记住的一件事是颜色信息对光照条件敏感。在实际的应用程序中，必须进行一些预处理才能解决这个问题。但就目前而言，我们假设其他人已经解决了这个问题，我们获得的是干净的彩色图像。

有许多不同的颜色空间，选择一个好的颜色空间取决于用户使用的不同应用程序。虽然 RGB 是计算机屏幕上的原生表示形式，但它并不一定适合人类。而人类会根据色调更自然地为颜色命名，这就是为什么色调饱和度值（HSV）可能是信息量最丰富的色彩空间之一。它与我们如何感知颜色密切相关。色调是指色谱，饱和度是指特定颜色的强度，而值是指该像素的亮度。这实际上以圆柱形式表示，你可以在 http://infohost.nmt.edu/tcc/help/pubs/colortheory/web/hsv.html 找到一个简单的解释。我们可以将图像的像素转换为 HSV 颜色空间，然后使用此颜色空间来测量其中的距离和阈值，用于跟踪给定对象。

以如图 9-1 所示的视频中的帧为例。

图 9-1

如果你通过颜色空间过滤器运行它并跟踪对象，将会看到如图 9-2 所示的内容。

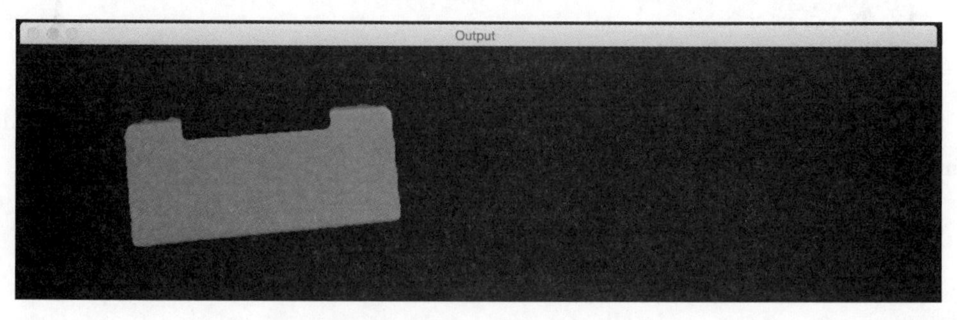

图 9-2

正如在图中看到的，跟踪器根据颜色特征识别视频中的特定对象。为了使用这个跟踪器，我们需要知道目标对象的颜色分布。以下是跟踪彩色对象的代码，该对象仅选择具有某个给定色彩的像素。代码有良好的注释，所以请阅读每个术语的解释，看看发生了什么：

```
int main(int argc, char* argv[])
{
   // Variable declarations and initializations
    // Iterate until the user presses the Esc key
    while(true)
    {
        // Initialize the output image before each iteration
        outputImage = Scalar(0,0,0);
        // Capture the current frame
        cap >> frame;
        // Check if 'frame' is empty
        if(frame.empty())
            break;
        // Resize the frame
        resize(frame, frame, Size(), scalingFactor, scalingFactor,
INTER_AREA);
        // Convert to HSV colorspace
        cvtColor(frame, hsvImage, COLOR_BGR2HSV);
        // Define the range of "blue" color in HSV colorspace
        Scalar lowerLimit = Scalar(60,100,100);
        Scalar upperLimit = Scalar(180,255,255);
        // Threshold the HSV image to get only blue color
        inRange(hsvImage, lowerLimit, upperLimit, mask);
        // Compute bitwise-AND of input image and mask
        bitwise_and(frame, frame, outputImage, mask=mask);
        // Run median filter on the output to smoothen it
        medianBlur(outputImage, outputImage, 5);
        // Display the input and output image
        imshow("Input", frame);
        imshow("Output", outputImage);
        // Get the keyboard input and check if it's 'Esc'
        // 30 -> wait for 30 ms
        // 27 -> ASCII value of 'ESC' key
        ch = waitKey(30);
        if (ch == 27) {
            break;
        }
    }
    return 1;
}
```

9.3 构建交互式对象跟踪器

基于颜色空间的跟踪器使我们可以自由地跟踪彩色对象，但我们也受到预定义颜色的约束。如果只想随意挑选一个对象怎么办？如何构建一个可以了解所选对象特征并自动跟踪它的对象跟踪器？这就是连续自适应平移（CAMShift）算法的用武之地。它基本上是一个改进版的 meanshift 算法。

meanshift 的概念实际上很简单。假设我们选择一个感兴趣区域，并希望对象跟踪器跟踪该对象。在这个区域中，我们根据颜色直方图选择若干点，并计算空间点的图心。如果图心位于该区域的中心，我们就知道对象没有移动。但是如果图心不在这个区域的中心，那么我们就知道对象在某个方向上移动了。图心的移动控制着对象的移动方向，所以，我们将对象的边界框移动到新位置，以便新的图心成为此边界框的中心。因此，这种算法称为 meanshift，因为平均值（图心）在移动。这样就可以持续更新对象的当前位置。

但是，meanshift 的问题是不允许改变边界框的大小。当对象朝远离相机的方向移动时，对象相对于人眼来说会变小，但是 meanshift 不会考虑到这一点。在整个跟踪期间中，边界框的大小将保持不变。因此，我们需要使用 CAMShift。CAMShift 的优点是它可以使边界框的大小适应对象的大小。除此之外，它还可以跟踪对象的方向。

以图 9-3 中的帧为例，其中对象被突出显示。

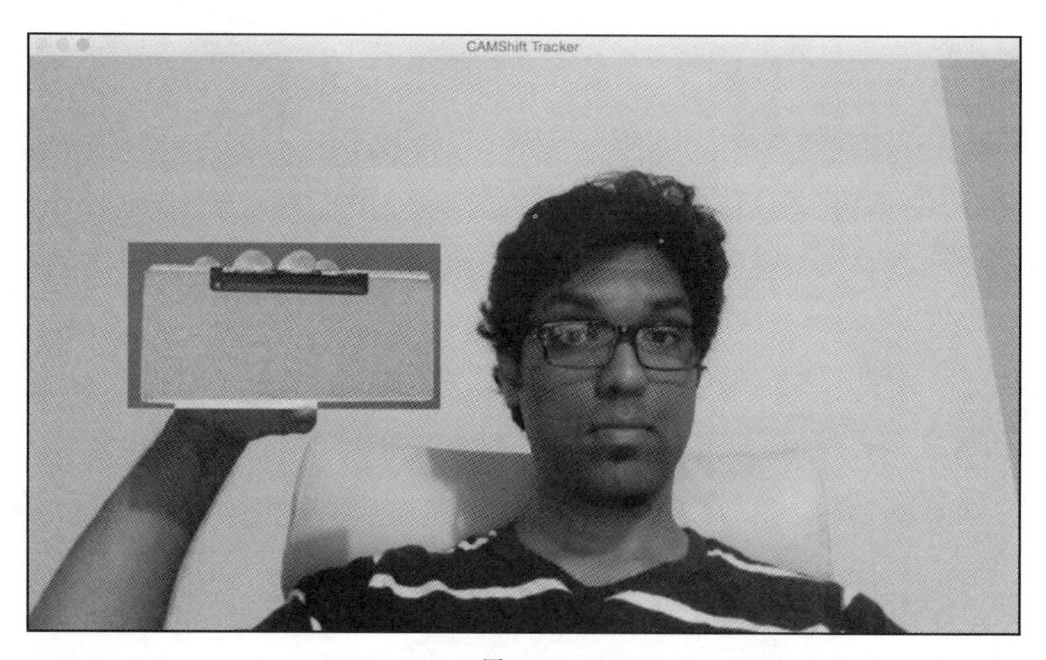

图 9-3

现在对象已经选择好了，可以用算法计算直方图反投影并提取所有信息。什么是直方图反投影？这只是一种识别图像与直方图模型匹配程度的方法。我们计算特定事物的直方图模型，然后使用这个模型在图像中找到该事物。让我们移动对象，看看它是如何被跟踪的，如图 9-4 所示。

看起来跟踪对象的效果相当好。然后我们改变方向，看看是否还能保持跟踪，如图 9-5 所示。

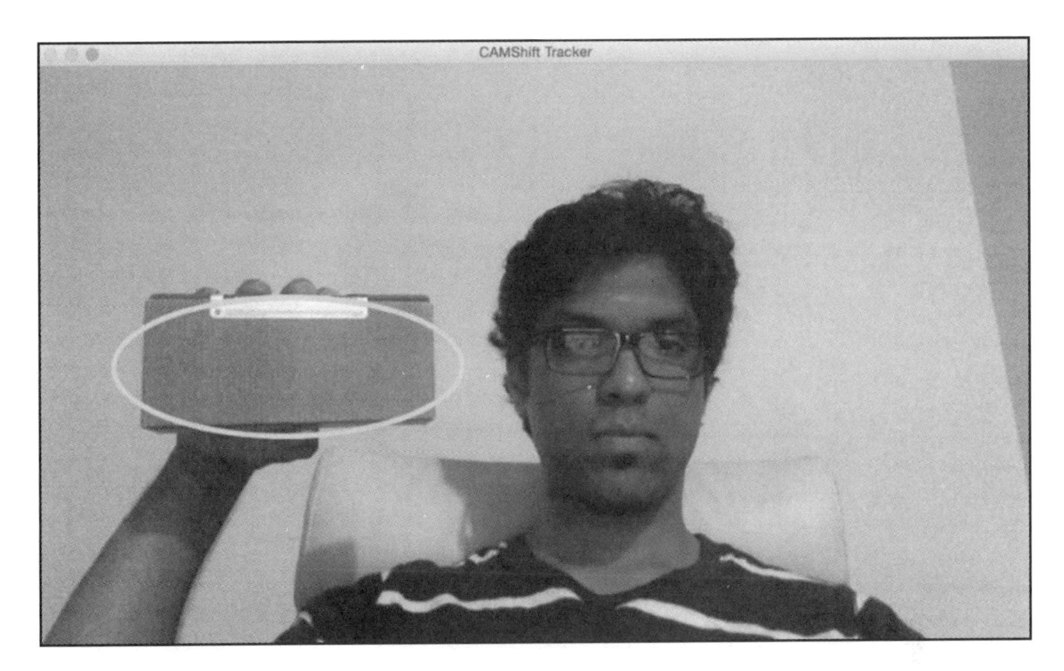

图 9-4

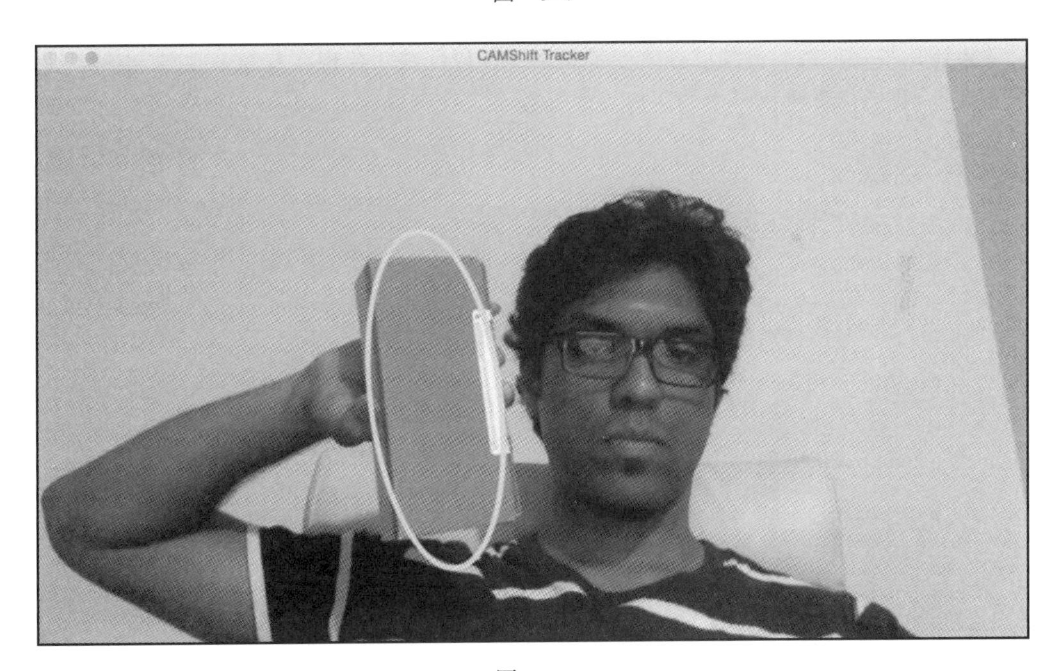

图 9-5

可以看到，边界椭圆已经改变了它的位置和方向。继续改变对象的视角，看看是否仍能跟踪它，如图 9-6 所示。

图 9-6

效果还是很好！边界椭圆已经改变了纵横比，以反映对象现在看起来倾斜的事实（因为透视变换）。我们来看看代码中的用户界面函数：

```
Mat image;
Point originPoint;
Rect selectedRect;
bool selectRegion = false;
int trackingFlag = 0;

// Function to track the mouse events
void onMouse(int event, int x, int y, int, void*)
{
    if(selectRegion)
    {
        selectedRect.x = MIN(x, originPoint.x);
        selectedRect.y = MIN(y, originPoint.y);
        selectedRect.width = std::abs(x - originPoint.x);
        selectedRect.height = std::abs(y - originPoint.y);
        selectedRect &= Rect(0, 0, image.cols, image.rows);
    }
    switch(event)
    {
        case EVENT_LBUTTONDOWN:
            originPoint = Point(x,y);
            selectedRect = Rect(x,y,0,0);
            selectRegion = true;
            break;
        case EVENT_LBUTTONUP:
            selectRegion = false;
```

```
            if( selectedRect.width > 0 && selectedRect.height > 0 )
            {
                trackingFlag = -1;
            }
            break;
    }
}
```

该函数主要捕获窗口中选定的矩形的坐标。用户只需用鼠标单击并拖动即可。OpenCV 有一组内置函数可以帮助我们检测这些不同的鼠标事件。

以下是基于 CAMShift 执行对象跟踪的代码：

```
int main(int argc, char* argv[])
{
    // Variable declaration and initialization
    ....
    // Iterate until the user presses the Esc key
    while(true)
    {
        // Capture the current frame
        cap >> frame;
        // Check if 'frame' is empty
        if(frame.empty())
            break;
        // Resize the frame
        resize(frame, frame, Size(), scalingFactor, scalingFactor,
INTER_AREA);
        // Clone the input frame
        frame.copyTo(image);
        // Convert to HSV colorspace
        cvtColor(image, hsvImage, COLOR_BGR2HSV);
```

现在有 HSV 图像等待处理。我们继续看如何使用阈值来处理这个图像：

```
        if(trackingFlag)
        {
            // Check for all the values in 'hsvimage' that are within the
specified range
            // and put the result in 'mask'
            inRange(hsvImage, Scalar(0, minSaturation, minValue),
Scalar(180, 256, maxValue), mask);
            // Mix the specified channels
            int channels[] = {0, 0};
            hueImage.create(hsvImage.size(), hsvImage.depth());
            mixChannels(&hsvImage, 1, &hueImage, 1, channels, 1);
            if(trackingFlag < 0)
            {
                // Create images based on selected regions of interest
                Mat roi(hueImage, selectedRect), maskroi(mask,
selectedRect);
                // Compute the histogram and normalize it
                calcHist(&roi, 1, 0, maskroi, hist, 1, &histSize,
&histRanges);
                normalize(hist, hist, 0, 255, NORM_MINMAX);
                trackingRect = selectedRect;
                trackingFlag = 1;
            }
```

正如在这里看到的，我们用HSV图像来计算区域的直方图。用阈值来定位HSV光谱中所需的颜色，然后基于此过滤出图像。继续来看如何计算直方图反投影：

```
            // Compute the histogram backprojection
            calcBackProject(&hueImage, 1, 0, hist, backproj, &histRanges);
            backproj &= mask;
            RotatedRect rotatedTrackingRect = CamShift(backproj,
trackingRect, TermCriteria(TermCriteria::EPS | TermCriteria::COUNT, 10,
1));
            // Check if the area of trackingRect is too small
            if(trackingRect.area() <= 1)
            {
                // Use an offset value to make sure the trackingRect has a
minimum size
                int cols = backproj.cols, rows = backproj.rows;
                int offset = MIN(rows, cols) + 1;
                trackingRect = Rect(trackingRect.x - offset, trackingRect.y
- offset, trackingRect.x + offset, trackingRect.y + offset) & Rect(0, 0,
cols, rows);
            }
```

现在就可以显示结果了。利用旋转的矩形，在感兴趣的区域周围绘制一个椭圆：

```
            // Draw the ellipse on top of the image
            ellipse(image, rotatedTrackingRect, Scalar(0,255,0), 3,
LINE_AA);
        }
        // Apply the 'negative' effect on the selected region of interest
        if(selectRegion && selectedRect.width > 0 && selectedRect.height >
0)
        {
            Mat roi(image, selectedRect);
            bitwise_not(roi, roi);
        }
        // Display the output image
        imshow(windowName, image);
        // Get the keyboard input and check if it's 'Esc'
        // 27 -> ASCII value of 'Esc' key
        ch = waitKey(30);
        if (ch == 27) {
            break;
        }
    }
    return 1;
}
```

9.4 用Harris角点检测器检测点

角点检测是用于检测图像中的兴趣点的技术。这些兴趣点在计算机视觉术语中也称为特征点，或简称特征。角是两条边的交点，兴趣点基本上是可以在图像中唯一检测到的东西。角点是兴趣点的特定情况，这些兴趣点有助于我们描绘图像，它们广泛用于目标跟踪、图像分类和视觉搜索等应用。由于我们知道角点很有趣，下面来看怎样检测它们。

在计算机视觉中，有一种流行的角点检测技术称为 Harris 角点检测器，该技术主要基于灰度图像的偏导数构造 2 × 2 矩阵，然后分析特征值。这是什么意思呢？让我们来解剖一下，以便更好地理解它。以图像中的一小块区域为例，我们的目标是确定该区域是否有一个角点。因此，考虑所有相邻的区域并计算区域和所有相邻区域之间的强度差异。如果在所有方向上的差异都很大，那么我们就知道该区域中有一个角点。这是对实际算法的过度简化，但它涵盖了要点。如果想了解基础的数学细节，可以查看 Harris 和 Stephens 的原始论文 http://www.bmva.org/bmvc/1988/avc-88-023.pdf。角是沿两个方向具有强烈强度差异的点。

如果运行 Harris 角点检测器，它将如图 9-7 所示。

图　9-7

可以看到，电视遥控器上的绿色圆圈是检测到的角点，这会根据你为检测器选择的参数而更改。如果修改了参数，则可以看到有可能检测到更多的点。如果严格限制参数，则可能无法检测到一些柔软的角点。我们来看看检测 Harris 角点的代码：

```
int main(int argc, char* argv[])
{
// Variable declaration and initialization

// Iterate until the user presses the Esc key
while(true)
{
    // Capture the current frame
    cap >> frame;
```

```
    // Resize the frame
    resize(frame, frame, Size(), scalingFactor, scalingFactor, INTER_AREA);

    dst = Mat::zeros(frame.size(), CV_32FC1);

    // Convert to grayscale
    cvtColor(frame, frameGray, COLOR_BGR2GRAY );

    // Detecting corners
    cornerHarris(frameGray, dst, blockSize, apertureSize, k,
BORDER_DEFAULT);

    // Normalizing
    normalize(dst, dst_norm, 0, 255, NORM_MINMAX, CV_32FC1, Mat());
    convertScaleAbs(dst_norm, dst_norm_scaled);
```

我们先将图像转换为灰度，然后用参数检测角点，你可以在 .cpp 文件中找到完整代码。这些参数对被检测点的数量起重要作用。你可以在 https://docs.opencv.org/master/dd/d1a/group__imgproc__feature.html#gac1fc3598018010880e370e2f709b4345 中查看 cornerHarris() 的 OpenCV 文档。

在得到所需的所有信息后，我们继续在角点周围绘制圆圈以显示结果：

```
        // Drawing a circle around each corner
        for(int j = 0; j < dst_norm.rows ; j++)
        {
            for(int i = 0; i < dst_norm.cols; i++)
            {
                if((int)dst_norm.at<float>(j,i) > thresh)
                {
                    circle(frame, Point(i, j), 8, Scalar(0,255,0), 2, 8,
0);
                }
            }
        }

        // Showing the result
        imshow(windowName, frame);

        // Get the keyboard input and check if it's 'Esc'
        // 27 -> ASCII value of 'Esc' key
        ch = waitKey(10);
        if (ch == 27) {
            break;
        }
    }

    // Release the video capture object
    cap.release();

    // Close all windows
    destroyAllWindows();

    return 1;
}
```

可以看到，这段代码接受一个输入参数 blockSize。根据你选择的尺寸，性能会有所不同。你可以尝试从值为 4 开始执行代码，看看会发生什么。

9.5　用于跟踪的好特征

Harris 角点检测器在许多情况下表现良好，但仍可以改进。在 Harris 和 Stephens 的原始论文发表六年之后，Shi 和 Tomasi 想出了一些更好的东西，他们称为“ Good Features to Track”（用于跟踪的好特征）。你可以在 http：//www.ai.mit.edu/courses/6.891/handouts/shi94good.pdf 阅读原始论文。他们使用不同的打分函数来提高整体质量。采用这种方法，我们可以找到给定图像中 *N* 个最强的角点。当我们不想用每个角点从图像中提取信息时，这种方法非常有用。正如我们所讨论过的，一个好的兴趣点检测器在对象跟踪、对象识别和图像搜索等应用中非常有用。

如果将 Shi-Tomasi 角点检测器应用于图像，将会看到如图 9-8 所示的景像。

图　9-8

正如在图中看到的，帧中的所有重要点都被捕获。我们来看看跟踪这些特征的代码：

```
int main(int argc, char* argv[])
{
    // Variable declaration and initialization
    // Iterate until the user presses the Esc key
    while(true)
    {
        // Capture the current frame
```

```
        cap >> frame;
        // Resize the frame
        resize(frame, frame, Size(), scalingFactor, scalingFactor,
INTER_AREA);
        // Convert to grayscale
        cvtColor(frame, frameGray, COLOR_BGR2GRAY );
        // Initialize the parameters for Shi-Tomasi algorithm
        vector<Point2f> corners;
        double qualityThreshold = 0.02;
        double minDist = 15;
        int blockSize = 5;
        bool useHarrisDetector = false;
        double k = 0.07;
        // Clone the input frame
        Mat frameCopy;
        frameCopy = frame.clone();
        // Apply corner detection
        goodFeaturesToTrack(frameGray, corners, numCorners,
qualityThreshold, minDist, Mat(), blockSize, useHarrisDetector, k);
```

可以看到，我们提取了帧并用 goodFeaturesToTrack 来检测角点。重要的是要理解检测到的角点的数量将取决于我们选择的参数。你可以在 http://docs.opencv.org/2.4/modules/imgproc/doc/feature_detection.html?highlight=goodfeaturestotrack#goodfeaturestotrack 中找到详细的解释。我们继续在这些点上绘制圆圈以显示输出图像：

```
        // Parameters for the circles to display the corners
        int radius = 8;      // radius of the circles
        int thickness = 2;   // thickness of the circles
        int lineType = 8;
        // Draw the detected corners using circles
        for(size_t i = 0; i < corners.size(); i++)
        {
            Scalar color = Scalar(rng.uniform(0,255), rng.uniform(0,255),
rng.uniform(0,255));
            circle(frameCopy, corners[i], radius, color, thickness,
lineType, 0);
        }
        /// Show what you got
        imshow(windowName, frameCopy);
        // Get the keyboard input and check if it's 'Esc'
        // 27 -> ASCII value of 'Esc' key
        ch = waitKey(30);
        if (ch == 27) {
            break;
        }
    }
    // Release the video capture object
    cap.release();
    // Close all windows
    destroyAllWindows();
    return 1;
}
```

该程序接收一个输入参数 numCorners，该值表示要跟踪的最大角点数量。请尝试从值为 100 开始执行代码，看看会发生什么。如果增加这个值，你会看到更多的特征点被检测到。

9.6　基于特征的跟踪

基于特征的跟踪是指跟踪视频中连续帧的各个特征点，其优点是不必在每一帧中检测特征点，我们可以只检测它们一次，并在此之后继续跟踪它们，这比在每一帧上运行检测器更有效。我们采用一种称为光流的技术来跟踪这些特征，光流是计算机视觉中最流行的技术之一。该技术需要选择一组特征点，并通过视频流跟踪它们。当检测到特征点时，则计算位移向量并显示连续帧之间的那些关键点的运动情况，这些向量称为运动向量。与前一帧相比，特定点的运动向量基本上只是指示该点移动位置的方向线。检测这些运动向量的方法有很多种，两种最流行的算法是 Lucas-Kanade 方法和 Farneback 算法。

9.6.1　Lucas-Kanade 方法

Lucas-Kanade 方法用于稀疏光流跟踪，稀疏的意思是特征点的数量相对较少。可以在这里参考原始论文：http://cseweb.ucsd.edu/classes/sp02/cse252/lucaskanade81.pdf。我们通过提取特征点来开始这一过程。对于每个特征点，我们创建 3 × 3 个区域，特征点位于中心，这里的假设是每个区域中的所有点都具有相似的运动，窗口大小可以根据手头的问题进行调整。

对于当前帧中的每个特征点，我们将周围的 3 × 3 区域作为参考点。对于该区域，我们会查看前一帧中的邻域以获得最佳匹配。这个邻域通常大于 3 × 3，因为我们希望获得最接近被考虑区域的区域。现在，从前一帧中匹配区域的中心像素到当前帧中的被考虑区域的中心像素的路径将成为运动向量。我们对所有特征点执行此操作，并提取所有的运动向量。

以图 9-9 所示的帧为例。

图　9-9

我们需要添加一些想要跟踪的点，只需用鼠标点击此窗口上的一组点，如图 9-10 所示。

图 9-10

如果我移动到不同的位置，你会看到在一个小的误差范围内仍然可以正确跟踪这些点，如图 9-11 所示。

图 9-11

让我们添加很多点，看看会发生什么，如图 9-12 所示。

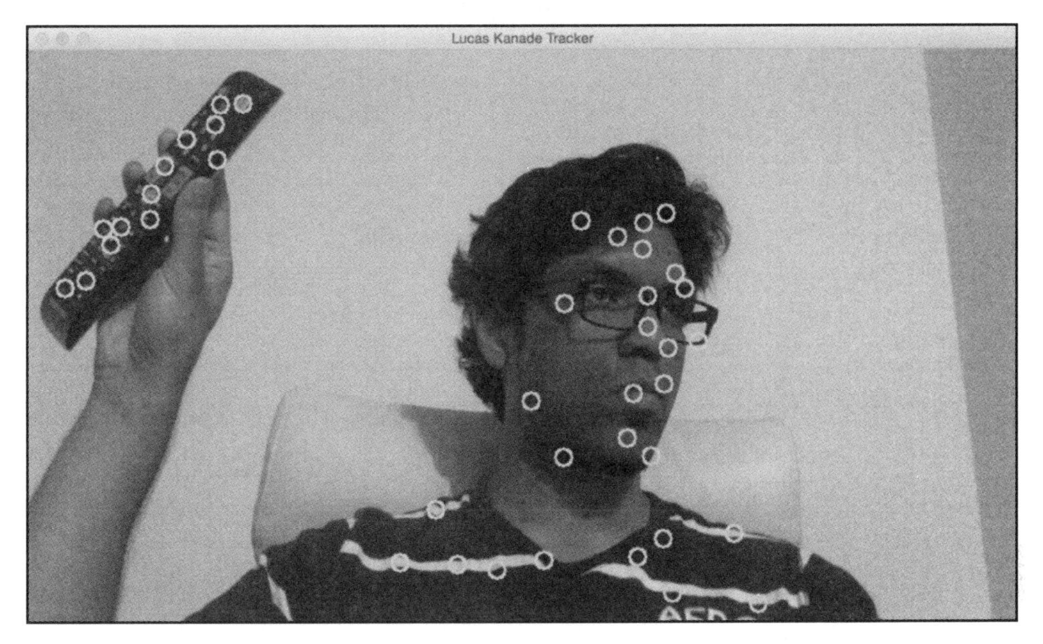

图 9-12

可以看到，它会继续跟踪这些点。但是，你会注意到，由于诸如突出物或移动速度等因素，某些点将被丢弃。如果你愿意，可以继续添加更多的点。也可以让用户选择输入视频中的感兴趣区域。然后，你可以从这个感兴趣区域中提取出特征点，并通过绘制边界框来跟踪对象。这将是一个有趣的练习！

以下是基于 Lucas-Kanade 跟踪的代码：

```
int main(int argc, char* argv[])
{
    // Variable declaration and initialization
    // Iterate until the user hits the Esc key
    while(true)
    {
        // Capture the current frame
        cap >> frame;
        // Check if the frame is empty
        if(frame.empty())
            break;
        // Resize the frame
        resize(frame, frame, Size(), scalingFactor, scalingFactor,
INTER_AREA);
        // Copy the input frame
        frame.copyTo(image);
        // Convert the image to grayscale
        cvtColor(image, curGrayImage, COLOR_BGR2GRAY);
        // Check if there are points to track
        if(!trackingPoints[0].empty())
```

```
        {
            // Status vector to indicate whether the flow for the
corresponding features has been found
            vector<uchar> statusVector;
            // Error vector to indicate the error for the corresponding
feature
            vector<float> errorVector;
            // Check if previous image is empty
            if(prevGrayImage.empty())
            {
                curGrayImage.copyTo(prevGrayImage);
            }
            // Calculate the optical flow using Lucas-Kanade algorithm
            calcOpticalFlowPyrLK(prevGrayImage, curGrayImage,
trackingPoints[0], trackingPoints[1], statusVector, errorVector,
windowSize, 3, terminationCriteria, 0, 0.001);
```

我们用当前图像和之前的图像来计算光流信息。不用说，输出的质量取决于所选的参数。你可以在 http://docs.OpenCV.org/2.4/modules/video/doc/motion_ analysis_and_object_tracking.HTML#calcopticalflowpyrlk 中找到有关参数的更多详细信息。为了提高质量和稳定性，需要过滤掉彼此非常接近的点，因为它们不会添加新信息。我们继续往下实现：

```
            int count = 0;
            // Minimum distance between any two tracking points
            int minDist = 7;
            for(int i=0; i < trackingPoints[1].size(); i++)
            {
                if(pointTrackingFlag)
                {
                    // If the new point is within 'minDist' distance from
an existing point, it will not be tracked
                    if(norm(currentPoint - trackingPoints[1][i]) <=
minDist)
                    {
                        pointTrackingFlag = false;
                        continue;
                    }
                }
                // Check if the status vector is good
                if(!statusVector[i])
                    continue;
                trackingPoints[1][count++] = trackingPoints[1][i];

                // Draw a filled circle for each of the tracking points
                int radius = 8;
                int thickness = 2;
                int lineType = 8;
                circle(image, trackingPoints[1][i], radius,
Scalar(0,255,0), thickness, lineType);
            }
            trackingPoints[1].resize(count);
        }
```

现在有了跟踪点。下一步是优化这些点的位置。在这种情况下，优化究竟意味着什么？是为了提高计算速度，其中包含了一定程度的量化。通俗地说，可以把它想象成四舍五入。现在有了近似区域，就可以优化该区域内点的位置，以获得更准确的结果。我们继续往下实现：

```
        // Refining the location of the feature points
        if(pointTrackingFlag && trackingPoints[1].size() < maxNumPoints)
        {
            vector<Point2f> tempPoints;
            tempPoints.push_back(currentPoint);
            // Function to refine the location of the corners to subpixel
accuracy.
            // Here, 'pixel' refers to the image patch of size 'windowSize'
and not the actual image pixel
            cornerSubPix(curGrayImage, tempPoints, windowSize, Size(-1,-1),
terminationCriteria);
            trackingPoints[1].push_back(tempPoints[0]);
            pointTrackingFlag = false;
        }
        // Display the image with the tracking points
        imshow(windowName, image);
        // Check if the user pressed the Esc key
        char ch = waitKey(10);
        if(ch == 27)
            break;
        // Swap the 'points' vectors to update 'previous' to 'current'
        std::swap(trackingPoints[1], trackingPoints[0]);
        // Swap the images to update previous image to current image
        cv::swap(prevGrayImage, curGrayImage);
    }
    return 1;
}
```

9.6.2 Farneback算法

Gunnar Farneback提出了这种光流算法，用于密集跟踪。密集跟踪广泛用于机器人、增强现实和3D映射。你可以在这里查看原始论文：http://www.divaportal.org/smash/get/diva2:273847/FULLTEXT01.pdf。Lucas-Kanade方法是一种稀疏技术，这意味着只需要处理整个图像中的某些像素。另一方面，Farneback算法是一种密集技术，需要处理给定图像中的所有像素。所以，显然有一个权衡。密集技术更准确，但速度较慢。稀疏技术不太准确，但速度更快。对于实时应用，人们倾向于选择稀疏技术。对于时间和复杂性不作为考虑因素的应用，人们倾向于选择密集技术来提取更精细的细节。

在他的论文中，Farneback描述了一种基于两帧多项式展开的密集光流估计方法。我们的目标是估计这两个帧之间的运动，这主要是一个三步过程。第一步，用多项式逼近得到两个帧中的每个邻域。在这种情况下，我们只对二次多项式感兴趣。下一步是通过整体位移构建一个新信号。既然每个邻域都是用多项式逼近的，因此需要看看如果这个多项式经过理想的转换后会发生什么。最后一步是通过使这些二次多项式的系数相等来计算全局位移。

现在，这个怎么实现呢？如果你考虑一下，我们的假设是整个信号为单个多项式，并且存在与两个信号相关的全局转换。这不是一个现实的场景！那么，我们在寻找什么？我们的目标是找出这些误差是否足够小，以便可以构建一个可以跟踪特征的有用算法。

看一下静态图像，如图 9-13 所示。

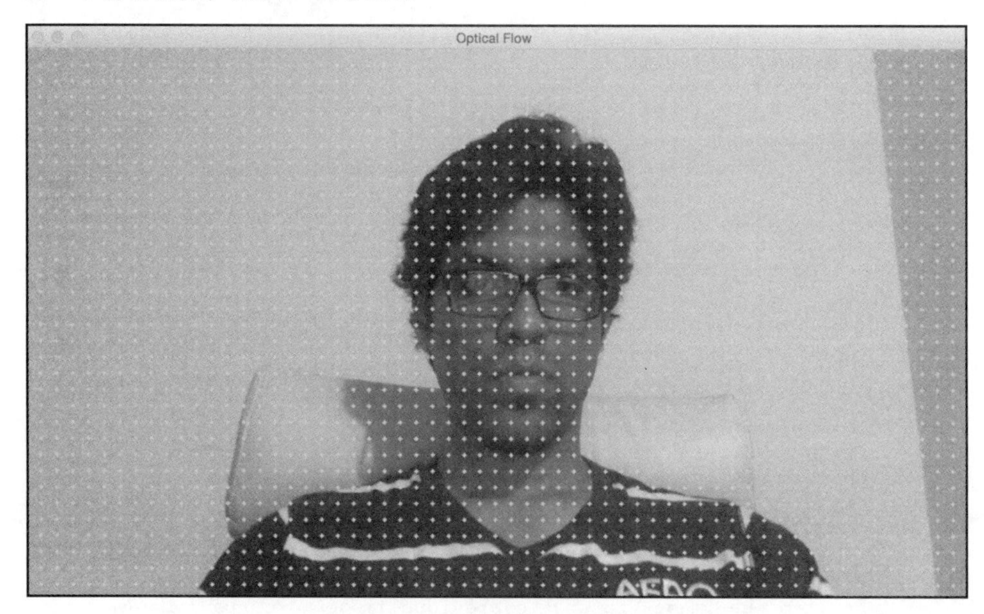

图 9-13

如果我侧身移动，可以看到运动向量指向水平方向，它只是跟踪我的头部运动，如图 9-14 所示。

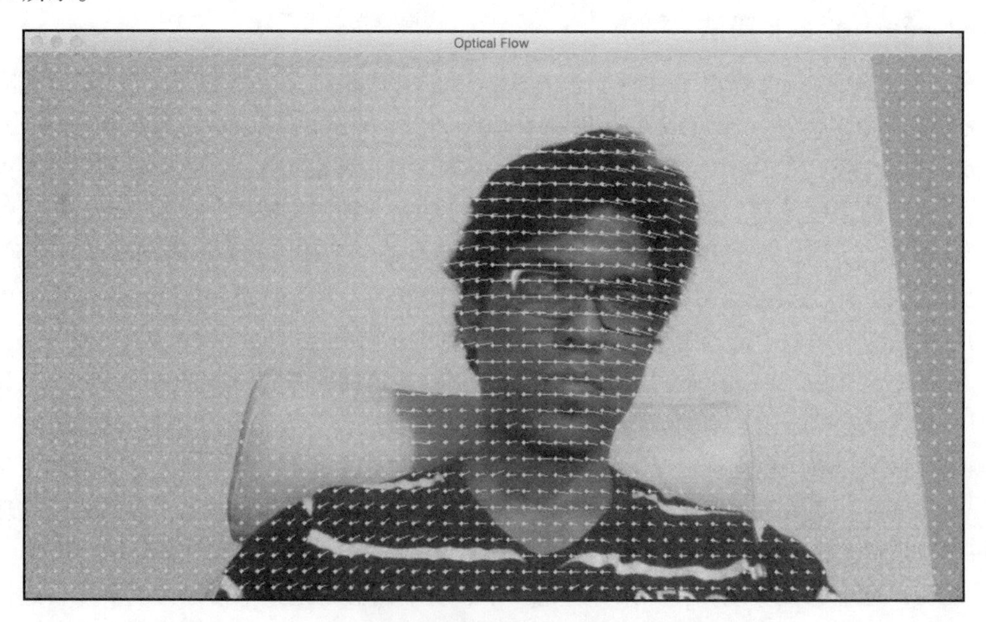

图 9-14

如果我远离网络摄像头，可以看到运动向量指向垂直于图像平面的方向，如图 9-15 所示。

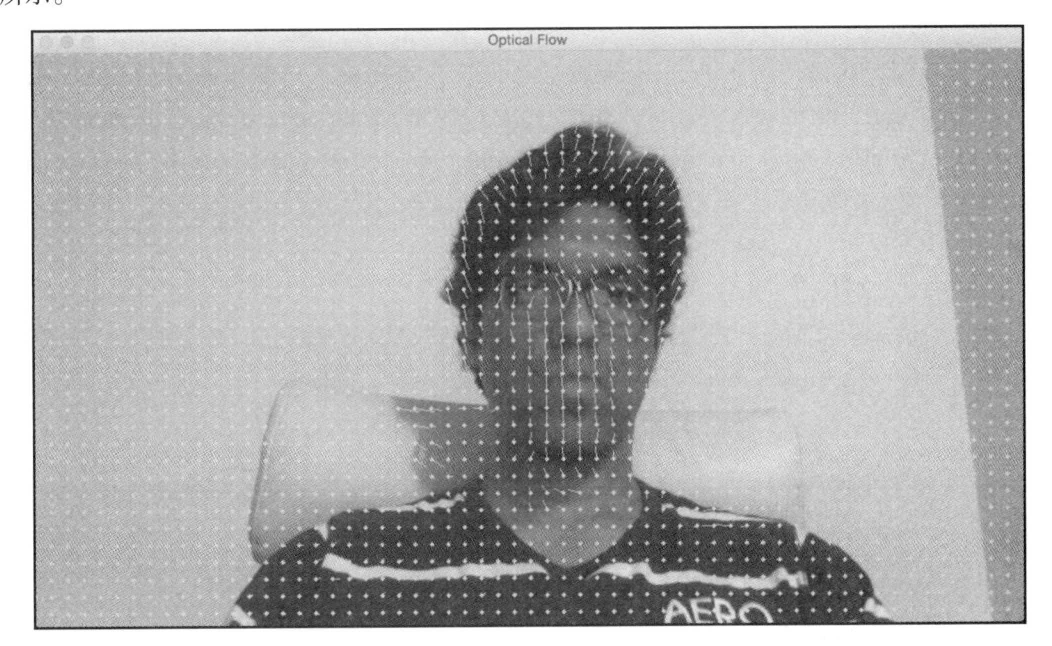

图　9-15

以下是用 Farneback 算法进行基于光流跟踪的代码：

```
int main(int, char** argv)
{
    // Variable declaration and initialization
    // Iterate until the user presses the Esc key
    while(true)
    {
        // Capture the current frame
        cap >> frame;
        if(frame.empty())
            break;
        // Resize the frame
        resize(frame, frame, Size(), scalingFactor, scalingFactor,
INTER_AREA);
        // Convert to grayscale
        cvtColor(frame, curGray, COLOR_BGR2GRAY);
        // Check if the image is valid
        if(prevGray.data)
        {
            // Initialize parameters for the optical flow algorithm
            float pyrScale = 0.5;
            int numLevels = 3;
            int windowSize = 15;
            int numIterations = 3;
            int neighborhoodSize = 5;
            float stdDeviation = 1.2;
```

```
            // Calculate optical flow map using Farneback algorithm
            calcOpticalFlowFarneback(prevGray, curGray, flowImage,
pyrScale, numLevels, windowSize, numIterations, neighborhoodSize,
stdDeviation, OPTFLOW_USE_INITIAL_FLOW);
```

可以看到，我们使用了Farneback算法来计算光流向量。当涉及跟踪质量时，calcOpticalFlowFarneback的输入参数非常重要。你可以在http://docs.opencv.org/3.0beta/modules/video/doc/motion_analysis_and_object_tracking.html找到有关这些参数的详细信息。我们继续在输出图像上绘制这些向量：

```
            // Convert to 3-channel RGB
            cvtColor(prevGray, flowImageGray, COLOR_GRAY2BGR);
            // Draw the optical flow map
            drawOpticalFlow(flowImage, flowImageGray);
            // Display the output image
            imshow(windowName, flowImageGray);
        }
        // Break out of the loop if the user presses the Esc key
        ch = waitKey(10);
        if(ch == 27)
            break;
        // Swap previous image with the current image
        std::swap(prevGray, curGray);
    }
    return 1;
}
```

我们用一个名为drawOpticalFlow的函数来绘制那些光流向量，这些向量表示运动方向。我们来看该函数是如何绘制这些向量的：

```
// Function to compute the optical flow map
void drawOpticalFlow(const Mat& flowImage, Mat& flowImageGray)
{
    int stepSize = 16;
    Scalar color = Scalar(0, 255, 0);
    // Draw the uniform grid of points on the input image along with the
motion vectors
    for(int y = 0; y < flowImageGray.rows; y += stepSize)
    {
        for(int x = 0; x < flowImageGray.cols; x += stepSize)
        {
            // Circles to indicate the uniform grid of points
            int radius = 2;
            int thickness = -1;
            circle(flowImageGray, Point(x,y), radius, color, thickness);
            // Lines to indicate the motion vectors
            Point2f pt = flowImage.at<Point2f>(y, x);
            line(flowImageGray, Point(x,y), Point(cvRound(x+pt.x),
cvRound(y+pt.y)), color);
        }
    }
}
```

9.7 总结

在本章中，我们学习了对象跟踪。先学习了如何使用 HSV 颜色空间来跟踪特定颜色的对象。讨论了对象跟踪的聚类技术以及如何使用 CAMShift 算法构建交互式对象跟踪器。研究了角点探测器以及如何在实时视频中跟踪角点。讨论了如何使用光流跟踪视频中的特征。最后，我们介绍了 Lucas-Kanade 和 Farneback 算法背后的概念，然后实现了它们。

在下一章中，我们将讨论分割算法以及如何将它们用于文本识别。

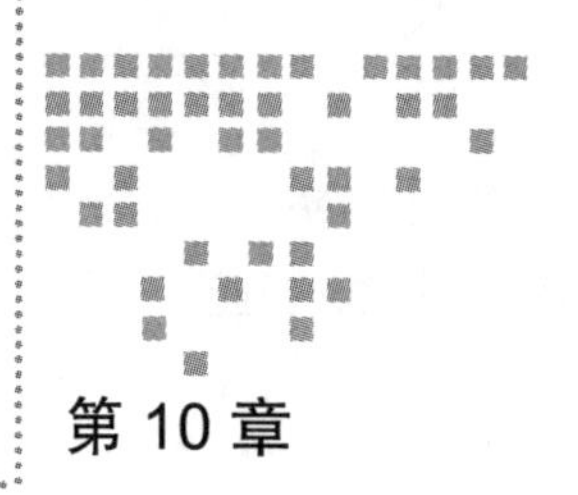

Chapter 10 第10章

开发用于文本识别的分割算法

在前面的章节中，我们介绍了各种图像处理技术，如阈值处理、轮廓描述符和数学形态学。在本章中，我们将讨论在处理扫描文档时可能遇到的常见问题，例如识别文本的位置或调整其旋转角度。我们还将学习如何结合前面介绍的技术来解决这些问题。到本章结束时，我们将能够分割文本区域，以便发送到光学字符识别（OCR）库。

本章介绍以下主题：

- 存在什么样的OCR应用程序？
- 编写OCR应用程序时常见的问题是什么？
- 如何识别文档区域？
- 如何处理诸如文本中间的倾斜和其他元素等问题？
- 如何使用Tesseract OCR识别我的文本？

10.1 技术要求

本章要求读者熟悉C++编程语言的基础知识，所使用的所有代码都可以从以下GitHub链接下载：https://github.com/PacktPublishing/Learn-OpenCV-4-By-Building-Projects-Second-Edition/tree/master/Chapter_10。代码可以在任何操作系统上执行，尽管它只在Ubuntu上做过测试。

10.2 光学字符识别介绍

识别图像中的文本是一种非常流行的计算机视觉应用。此过程通常称为光学字符识别

（Optical Character Recognition, 简称 OCR），分为以下几步：

- 文本预处理和分割：在这个步骤中，计算机必须处理图像噪声和旋转（倾斜），并确定哪些区域是候选文本。
- 文本识别：这是识别文本中每个字母的过程。虽然这也是一个计算机视觉主题，但我们不会在本书中展示如何仅仅使用 OpenCV 做到这一点。相反，我们将向你展示如何使用 Tesseract 库执行这一步骤，因为它已经集成在 OpenCV 3.0 中。如果有兴趣学习如何自己完成 Tesseract 的工作，可以查看 Packt 出版的 *Mastering OpenCV*，该书有一章介绍了车牌识别。

预处理和分割阶段可能会根据文本来源的不同而有很大差异，我们来看预处理完成时的常见情况：

- 扫描仪 OCR 应用：这是一种非常可靠的文本来源。在这种情况下，图像的背景通常是白色的，文档几乎与扫描仪边距对齐。被扫描的内容主要包含文本，几乎没有噪声。这种应用程序依赖于简单的预处理技术，可以快速调整文本并保持快速的扫描速度。在编写生成 OCR 软件时，通常会将重要文本区域的标识任务委派给用户，并创建用于文本验证和索引的质量管道。
- 在随意拍摄的图片或视频中扫描文本：这是一种更加复杂的场景，因为没有迹象表明文本的位置。这种情况称为场景文本识别，OpenCV 4.0 包含一个处理它的 contrib 库。我们将在第 11 章中介绍这一点。通常，预处理器会采用纹理分析技术来识别文本模式。
- 为历史文献创建产品质量 OCR：历史文献也可以被扫描，但它们还有一些其他问题，例如，由旧纸张颜色和墨水所产生的噪声。其他常见的问题是装饰字母和特殊文本字体，以及由于墨水变淡而产生的低对比度内容。为特定的文献编写特定的 OCR 软件并不罕见。
- 扫描地图、图表和图表：地图和图表造成了一个特别困难的场景，因为文本通常位于图像内容的任何方向，并且位于图片的中间。例如，城市名称通常是分类聚集的，海洋名称通常遵循国家的海岸轮廓线。有些图表颜色很深，文字以清晰和深色调呈现。

OCR 应用策略也会根据识别目标而有所不同。它会被用于全文搜索吗？或者是否应将文本分成逻辑字段，以便用相关信息来建立数据库索引，从而实现结构化搜索？

在本章中，我们将重点介绍扫描文本或由相机拍摄的文本的预处理。我们认为这样的文本是其所在图像的主要用途，比如图 10-1 所示的这张停车票。

我们将尝试删除常见的噪声，处理文本旋转（如果有的话），并裁剪可能的文本区域。虽然大多数 OCR API 已经能够自动执行这些操作（并且可能采用的是最先进的算法），但仍然值得了解其底层的工作原理。这会让你能够更好地了解大多数 OCR API 参数，并更好地了解可能遇到的潜在 OCR 问题。

图 10-1

10.3 预处理阶段

识别字母的软件通过将文本与先前记录的数据进行比较来实现。如果输入文本清晰，字母处于垂直位置，并且没有其他元素（例如一同发送过来的图像），则可以大幅提升分类效果。在本节中，我们将学习如何通过预处理来调整文本。

10.3.1 对图像进行阈值处理

我们一般通过对图像进行阈值处理来开始预处理。这一步将消除所有的颜色信息。大多数 OpenCV 函数都认为信息是用白色写的，而背景是黑色的。因此，我们首先创建一个阈值函数来匹配这个标准：

```
#include opencv2/opencv.hpp;
#include vector;

using namespace std;
using namespace cv;

Mat binarize(Mat input)
{
   //Uses otsu to threshold the input image
   Mat binaryImage;
   cvtColor(input, input, COLOR_BGR2GRAY);
   threshold(input, binaryImage, 0, 255, THRESH_OTSU);

   //Count the number of black and white pixels
   int white = countNonZero(binaryImage);
   int black = binaryImage.size().area() - white;

   //If the image is mostly white (white background), invert it
```

```
    return white black ? binaryImage : ~binaryImage;
}
```

binarize 函数使用了阈值，类似于我们在第 4 章中所做的操作。但在这里，我们要通过用函数的第 4 个参数传递 THRESH_OTSU 来使用 Otsu 方法。Otsu 方法可以使类间方差最大化。由于阈值仅创建两个类（黑色和白色像素），这与最小化类内方差相同。该方法用到了图像直方图。然后，它迭代所有可能的阈值，并计算阈值每一侧的像素值的扩展，即图像的背景或前景中的像素。这个过程的目的是找到两个点差之和最小的阈值。

在完成阈值处理后，该函数计算图像中有多少白色像素。黑色像素只是图像中给定图像区域的像素总数减去白色像素数后剩余的像素。由于文本通常是在单色的背景上书写的，因此我们将验证是否存在比黑色像素更多的白色像素。在这里，我们是在白色背景上处理黑色文本，因此我们将反转图像以便进行进一步处理。

停车票图像的阈值处理结果如图 10-2 所示。

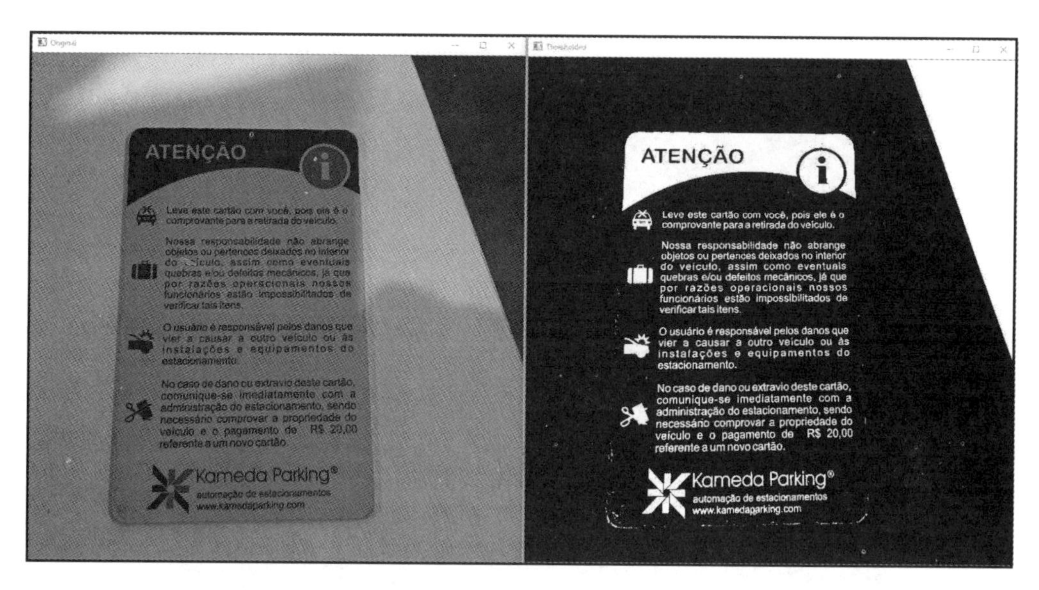

图　10-2

10.3.2　文本分割

下一步是找到文本所在的位置并将其提取出来，这有两种常见的策略：

- 使用连通分量分析：搜索图像中连贯的像素组。这是本章将要使用的技术。
- 使用分类器搜索以前训练过的字母纹理图案：对于诸如 Haralick 特征等纹理特征，经常用到小波变换。另一个选项是在此任务中识别最大稳定极值区域（MSER）。这种方法对于复杂背景中的文本更加稳定，我们将在第 11 章中进行研究。你可以在 http://haralick.org/journals/TexturalFeatures.pdf 阅读有关 Haralick 特征的信息。

创建连贯区域

如果仔细观察图像，你会注意到字母始终聚集在由文本段落组成的块中。这给我们留下一个问题，如何检测并删除这些块?

第一步是使这些块更加明显。可以通过使用扩张形态学算子来做到这一点。回忆第 8 章中的内容，膨胀能够让图像元素更厚。我们来看一下这个技巧的一小段代码：

```
auto kernel = getStructuringElement(MORPH_CROSS, Size(3,3));
Mat dilated;
dilate(input, dilated, kernel, cv::Point(-1, -1), 5);
imshow("Dilated", dilated);
```

在这段的代码中，首先创建一个将用于形态学操作的 3 x 3 交叉内核。然后以此内核为中心应用了五次膨胀。确切的内核大小和次数可以根据情况而变化，只需确保值能够把同一行中的所有字母粘合在一起。

该操作的结果显示在如图 10-3 所示的屏幕截图中。

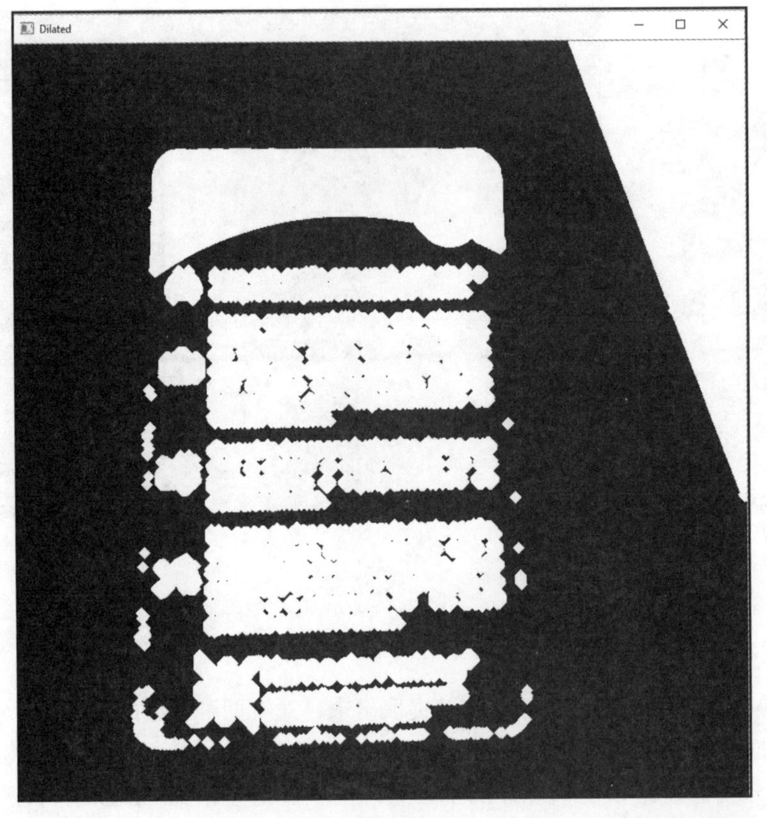

图 10-3

请注意，我们现在得到了巨大的白色块。它们与文本的每个段落完全匹配，并且还与其他非文本元素（如图像或边界噪声）匹配。

> 提示 这里的停车单图像是低分辨率图像。OCR 引擎通常使用高分辨率图像（200 或 300 DPI），因此可能需要应用膨胀超过五次。

识别段落块

下一步是执行连贯组件分析以查找与段落对应的块。OpenCV 提供了实现此功能的函数，我们在第 5 章中使用过它。下面是 findContours 函数：

```
vector;vector;Point;contours;
findContours(dilated, contours, RETR_EXTERNAL, CHAIN_APPROX_SIMPLE);
```

第一个参数传递被膨胀的图像。第二个参数是检测到的轮廓向量。然后，用该选项只检索外部轮廓并使用简单近似。图像轮廓如图 10-4 所示，每种灰度的色调代表了不同的轮廓。

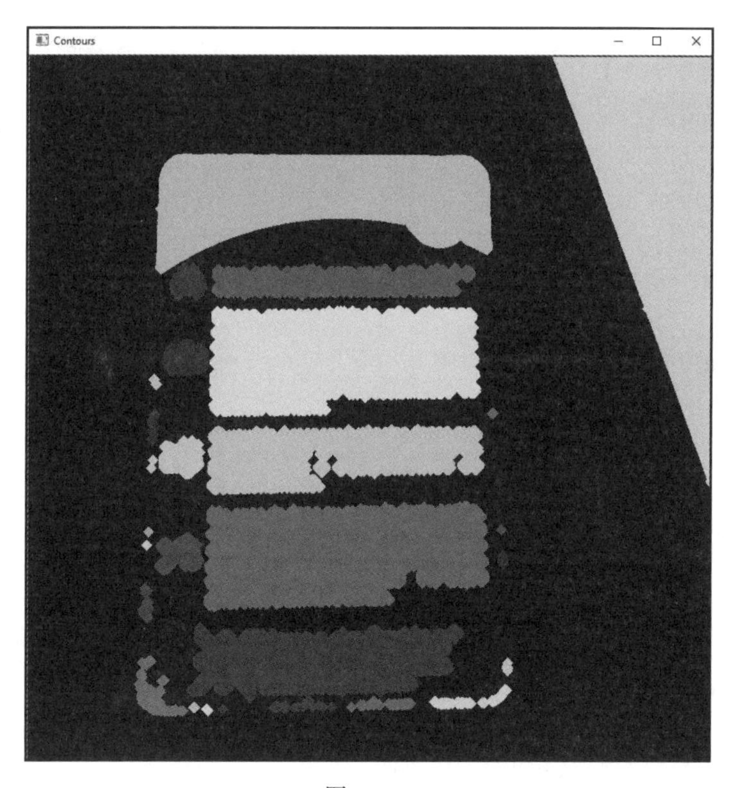

图 10-4

最后一步是确定每个轮廓的最小旋转边界矩形。OpenCV 为这个名为 minAreaRect 的操作提供了一个方便的函数。这个函数接收任意点的向量，并返回包含边界框的

RoundedRect。这也是丢弃不需要的矩形（也就是明显不是文本的矩形）的好机会。由于我们正在为 OCR 制作软件，我们假设文本包含了一组字母。有了这个假设，我们会在以下的情况下丢弃文本：

- 矩形宽度或尺寸太小，即小于 20 个像素。这有助于丢弃边界噪声和其他小的干扰。
- 图像的矩形具有小于 2 的宽度 / 高度比例。也就是说，类似于正方形的矩形，例如，图像图标或者更高的矩形也会被丢弃。

在第二种情况下有一点需要注意。由于处理的是旋转的边界框，所以必须测试边界框角度是否小于 -45 度。如果是，则文本垂直旋转，因此必须考虑的比例是高度 / 宽度。

我们通过查看以下代码来检验这一桌：

```
//For each contour

vector;RotatedRect; areas;
for (const auto& contour : contours)
{
   //Find it's rotated rect
   auto box = minAreaRect(contour);

   //Discard very small boxes
   if (box.size.width 20 || box.size.height 20)
         continue;

   //Discard squares shaped boxes and boxes
   //higher than larger
   double proportion = box.angle -45.0 ?
         box.size.height / box.size.width :
         box.size.width / box.size.height;

   if (proportion 2)
         continue;

   //Add the box
   areas.push_back(box);
}
```

图 10-5 显示这个算法选择了哪些框。

效果非常好！

应该注意到，在前面的代码中，步骤 2 中描述的算法也将丢弃单个字母。这不是一个大问题，因为我们创建的是一个 OCR 预处理器，单个符号通常对上下文信息毫无意义，这种情况的一个例子是页码。页码将在此过程中被丢弃，因为它们通常单独出现在页面底部，并且文本的大小和比例也不规律。不过这不算问题，因为在文本通过 OCR 处理之后，将会得到大量的文本文件，它们根本没有划分页面。

我们将把所有这些代码放在具有以下签名的函数中：

```
vector RotatedRect; findTextAreas(Mat input)
```

图　10-5

文本提取和偏斜调整

现在，我们要做的就是提取文本并调整偏斜的文本，这是由 deskewAndCrop 函数完成的，如下所示：

```
Mat deskewAndCrop(Mat input, const RotatedRect& box)
{
   double angle = box.angle;
   auto size = box.size;

   //Adjust the box angle
   if (angle -45.0)
   {
```

```
        angle += 90.0;
         std::swap(size.width, size.height);
    }
    //Rotate the text according to the angle
    auto transform = getRotationMatrix2D(box.center, angle, 1.0);
    Mat rotated;
    warpAffine(input, rotated, transform, input.size(), INTER_CUBIC);

    //Crop the result
    Mat cropped;
    getRectSubPix(rotated, size, box.center, cropped);
    copyMakeBorder(cropped,cropped,10,10,10,10,BORDER_CONSTANT,Scalar(0));
    return cropped;
}
```

首先，读取所需的区域角度和大小。如前所述，角度可能小于 -45 度。这意味着文本是垂直对齐的，因此必须使旋转角度加 90 度，并切换宽度和高度属性。接下来需要旋转文本。首先创建一个描述旋转的 2D 仿射变换矩阵，我们通过使用 OpenCV 的 getRotationMatrix2D 函数来实现，该函数有 3 个参数：

- CENTER：旋转的中心位置，旋转将围绕该中心进行。在这个例子中，我们使用盒子的中心。
- ANGLE：旋转角度。如果角度为负，则旋转将以顺时针方向进行。
- SCALE：各向同性比例因子。我们将使用 1.0，因为我们希望保持盒子的原始比例不变。

旋转本身是利用 warpAffine 函数完成的。该函数有 4 个必需的参数：

- SRC：要转换的输入 mat 数组。
- DST：目标 mat 数组。
- M：变换矩阵。该矩阵是 2 × 3 仿射变换矩阵。它可以是平移、缩放或旋转矩阵。在这个的例子中，我们将使用最近创建的矩阵。
- SIZE：输出图像的大小。我们将生成与输入图像大小相同的图像。

以下是另外 3 个可选参数：

- FLAGS：表示图像应如何插值。我们用 BICUBIC_INTERPOLATION 提高质量。默认值为 LINEAR_INTERPOLATION。
- BORDER：边框模式。我们使用默认的 BORDER_CONSTANT。
- BORDER VALUE：边框的颜色。我们使用默认值，即黑色。

然后，使用 getRectSubPix 函数。旋转图像后，需要裁剪边界框的矩形区域。该函数接受 4 个必需参数和一个可选参数，并返回裁剪后的图像：

- IMAGE：要裁剪的图像。
- SIZE：一个 cv::Size 对象，描述要裁剪的方框的宽度和高度。
- CENTER：要裁剪区域的中心像素。请注意，因为我们是围绕中心旋转的，所以这个点通常是相同的。

❑ PATCH：目标图像。

❑ PATCH_TYPE：目标图像的深度。我们使用默认值，它表示与源图像具有相同的深度。

最后一步由 copyMakeBorder 函数完成。该函数是在图像周围添加边框。这一步很重要，因为分类阶段通常需要在文本周围留出边缘。函数参数非常简单：输入和输出图像；顶部、底部、左侧和右侧的边框粗细；边框类型以及新边框的颜色。

对于卡片图像，将生成以下图像，如图 10-6 所示。

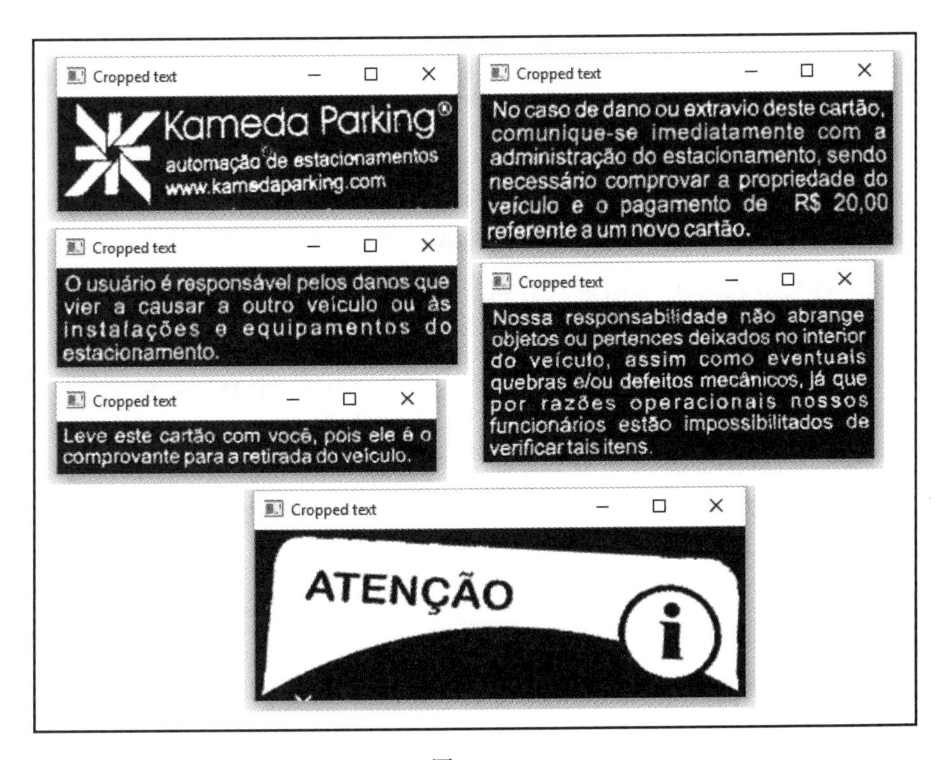

图 10-6

现在是时候把各个功能放在一起了，下面介绍执行以下操作的 main 方法：

❑ 加载停车单图像

❑ 调用二值化函数

❑ 查找所有文本区域

❑ 在窗口中显示每个区域

main 方法如下：

```
int main(int argc, char* argv[])
{
   //Loads the ticket image and binarize it
   auto ticket = binarize(imread("ticket.png"));
```

```
    auto regions = findTextAreas(ticket);
    //For each region
    for (const auto& region : regions) {
        //Crop
        auto cropped = deskewAndCrop(ticket, region);

        //Show
        imshow("Cropped text", cropped);
        waitKey(0);
        destroyWindow("Border Skew");
    }
}
```

如需完整的源代码，请查看附带的 segment.cpp 文件。

10.4 在你的操作系统上安装 Tesseract OCR

Tesseract 是一个开源 OCR 引擎，最初由惠普实验室 Bristol 和惠普公司开发。它的所有代码都是根据 Apache 许可证授权的，并通过 https://github.com/tesseract-ocr 托管在 GitHub 上。它被认为是最准确的 OCR 引擎之一：它可以读取各种图像格式，并且可以转换由 60 多种语言编写的文本。在这一节中，我们将介绍如何在 Windows 或 Mac 上安装 Tesseract。由于有很多 Linux 发行版，我们不会介绍如何在该操作系统上安装它。通常，Tesseract 会在你的软件包存储库中提供安装包，因此，在编译 Tesseract 之前，只需在那里搜索它。

10.4.1 在 Windows 上安装 Tesseract

Tesseract 使用 C++ 归档网络（CPPAN）作为其依赖项管理器。要安装 Tesseract，请按照下列步骤操作。

构建最新的库

1. 从 https://cppan.org/client/ 下载最新的 CPPAN 客户端。
2. 在命令行中，运行 `cppan--build pvt.cppan.demo.google.tesseract.tesseract-master`。

在 Visual Studio 中设置 Tesseract

1. 在 https://github.com/Microsoft/vcpkg 上设置 Visual C ++ 包管理器 vcpkg。
2. 对于 64 位编译，使用 vcpkg install tesseract:x64-windows。也可以为主分支添加 --head。

静态链接

也可以在项目中静态链接 Tesseract（https://github.com/tesseract-ocr/tesseract/wiki/

compiling#static-linking)。这将避免将 dll 与你的可执行文件打包在一起。为此，要用到 vcpkg，就像之前那样，用以下命令进行 32 位安装：

```
vcpkg install tesseract:x86-windows-static
```

或者，也可以用以下命令进行 64 位安装：

```
vckpg install tesseract:x64-windows-static
```

10.4.2　在 Mac 上安装 Tesseract

在 Mac 上安装 Tesseract OCR 的最简单的方法是使用 Homebrew。如果你没有安装 Homebrew，只需转到 Homebrew 的站点（http://brew.sh/），打开控制台，然后运行首页上的 Ruby Script。可能需要你输入管理员密码。

安装完 Homebrew 后，只需输入以下内容：

```
brew install tesseract
```

英语已包含在此安装中。如果要安装其他语言包，只需运行以下命令：

```
brew install tesseract --all-languages
```

该命令会安装所有语言包。然后，只需转到 Tesseract 安装目录并删除任何不需要的语言。Homebrew 通常的安装目录是 /usr/local/。

10.5　使用 Tesseract OCR 库

虽然 Tesseract OCR 已经与 OpenCV 3.0 集成，但其 API 仍然值得研究，因为它能够对 Tesseract 参数进行更为精细的控制，这种集成将在第 11 章中进行研究。

创建 OCR 函数

我们将修改前面的例子，以便使用 Tesseract。首先将 tesseract/baseapi.h 和 fstream 添加到 include 列表：

```
#include opencv2/opencv.hpp;
#include tesseract/baseapi.h;

#include vector;
#include fstream;
```

然后，创建一个表示 Tesseract OCR 引擎的全局 TessBaseAPI 对象：

```
tesseract::TessBaseAPI ocr;
```

提示　ocr 引擎是完全独立的。如果想创建一个多线程的 OCR 软件，只需在每个线程中添加一个不同的 TessBaseAPI 对象，执行对线程而言是相当安全的。只要保证文件写入不是通过同一个文件完成的，否则需要保证此操作的安全性。

接下来，创建一个名为 identifyText 的函数来运行 ocr：

```
const char* identifyText(Mat input, const char* language = "eng")
{
   ocr.Init(NULL, language, tesseract::OEM_TESSERACT_ONLY);
   ocr.SetPageSegMode(tesseract::PSM_SINGLE_BLOCK);
   ocr.SetImage(input.data, input.cols, input.rows, 1, input.step);
   const char* text = ocr.GetUTF8Text();
   cout  "Text:"  endl;
   cout  text  endl;
   cout  "Confidence: "  ocr.MeanTextConf() endl;
    // Get the text
   return text;
}
```

我们来逐行解释这个函数。第一行首先通过调用 Init 函数初始化 tesseract。该函数具有以下签名：

```
int Init(const char* datapath, const char* language,
 OcrEngineMode oem)
```

我们来解释每个参数：

- datapath：这是根目录中的 tessdata 文件夹的路径，该路径必须以反斜杠 / 字符结尾。tessdata 目录包含你安装的语言文件。如果把 NULL 传递给此参数会，将使 tesseract 在其安装目录中搜索该文件夹，因为它通常在该目录中。在部署应用程序时一般会将此值更改为 args[0]，并在应用程序路径中包含 tessdata 文件夹。
- language：这是表示语言代码的三字母单词（例如，英语为 eng，葡萄牙语为 por，印地语为 hin）。Tesseract 支持使用 + 号加载多个语言代码。因此，传送 eng+por 将会加载英语和葡萄牙语。当然，只能用以前已经安装的语言，否则加载过程将会失败。语言配置文件可以指定必须一起加载两种或更多种语言，若要防止这种情况，可以使用波浪字符 ~。例如，可以用 hin+~eng 来保证英语不会与印地语一起加载，即使它被配置为这样做。
- OcrEngineMode：这是将要用到的 OCR 算法，它可以具有以下值之一：
  - OEM_TESSERACT_ONLY：只使用 tesseract。这是最快的方法，但它的精度也较低。
  - OEM_CUBE_ONLY：使用 Cube 引擎。它更慢，但更精确。只有在语言经过培训后可以支持此引擎模式时，该功能才有效。要检查是否是这种情况，要在 tessdata 文件夹中查找针对你的语言的 .cube 文件。默认支持英语。
  - OEM_TESSERACT_CUBE_COMBINED：该算法结合 Tesseract 和 Cube，可以实现最佳的 OCR 分类。该引擎具有最佳精度和最慢的执行时间。
  - OEM_DEFAULT：该选项会根据语言配置文件或命令行配置文件推断策略，在这两者都没有的情况下则使用 OEM_TESSERACT_ONLY。

重要的是，Init 函数可以执行多次。如果提供不同的语言或引擎模式，Tesseract 会清除先前的配置并重新开始。如果提供相同的参数，Tesseract 足够聪明，可以简单地忽略该命令。init 函数在成功时返回 0，在失败时返回 -1。

然后，程序将通过设置页面分割模式继续往下执行：

```
ocr.SetPageSegMode(tesseract::PSM_SINGLE_BLOCK);
```

有几种可用的分割模式：

- PSM_OSD_ONLY：使用这种模式，Tesseract 将运行其预处理算法来检测定向和脚本检测。
- PSM_AUTO_OSD：告诉 Tesseract 使用定向和脚本检测进行自动页面分割。
- PSM_AUTO_ONLY：执行页面分割，但避免执行定向、脚本检测或 OCR。
- PSM_AUTO：执行页面分割和 OCR，但避免执行定向或脚本检测。
- PSM_SINGLE_COLUMN：假定变量大小的文本显示在单个列中。
- PSM_SINGLE_BLOCK_VERT_TEXT：将图像视为单个统一的垂直对齐文本块。
- PSM_SINGLE_BLOCK：假定是单个文本块，这是默认配置。如果在预处理阶段保证是这种情况，我们将使用此标志。
- PSM_SINGLE_LINE：表示图像只包含一行文本。
- PSM_SINGLE_WORD：表示图像只包含一个单词。
- PSM_SINGLE_WORD_CIRCLE：表示图像只是放在圆圈中的一个单词。
- PSM_SINGLE_CHAR：表示图像包含单个字符。

注意，Tesseract 已经实现了纠偏和文本分割算法，就像大多数 OCR 库一样。但是，了解这些算法还是很有意思的，因为你可以根据特定需求提供自己的预处理阶段，这样，在许多情况下能够改进文本检测。例如，如果要为旧文档创建 OCR 应用程序，则 Tesseract 使用的默认阈值可能会创建一个深色背景。Tesseract 也可能因边界或严重的文本偏斜而混淆。

接下来，我们使用以下签名调用 SetImage 方法：

```
void SetImage(const unsigned char* imagedata, int width,
 int height, int bytes_per_pixel, int bytes_per_line);
```

参数几乎是无须解释的，大多数参数直接针对 Mat 对象：

- data：包含图像数据的原始字节数组。OpenCV 在 Mat 类中包含一个名为 data() 的函数，它提供一个指向数据的直接指针。
- width：图像宽度。
- height：图像高度。
- bytes_per_pixel：每个像素的字节数。在这里是 1，因为我们处理的是二进制图像。如果希望代码更通用，还可以使用 Mat::elemSize() 函数，它提供了相同的信息。
- bytes_per_line：单行中的字节数。我们使用 Mat::step 属性，因为一些图像添加了尾随字节。

然后，调用 GetUTF8Text 来运行识别过程。识别出的文本以 UTF8 编码无 BOM 的方式被返回。在返回之前，还会打印一些调试信息。

MeanTextConf 返回置信度索引，该索引可以是 0 ~ 100 的数字：

```
auto text = ocr.GetUTF8Text();
cout  "Text:"  endl;
cout  text  endl;
cout  "Confidence: "  ocr.MeanTextConf()  endl;
```

输出至文件

我们改变 main 方法，将识别的输出发送到文件。通过使用标准的 ostream 来做到这一点：

```
int main(int argc, char* argv[])
{
   //Loads the ticket image and binarize it
   Mat ticket = binarize(imread("ticket.png"));
   auto regions = findTextAreas(ticket);

   std::ofstream file;
   file.open("ticket.txt", std::ios::out | std::ios::binary);

   //For each region
   for (const auto& region : regions) {
         //Crop
         auto cropped = deskewAndCrop(ticket, region);
         auto text = identifyText(cropped, "por");
         file.write(text, strlen(text));
         file endl;
   }
   file.close();
}
```

以下代码行以二进制模式打开文件：

```
file.open("ticket.txt", std::ios::out | std::ios::binary);
```

这很重要，因为 Tesseract 会返回以 UTF-8 编码的文本，同时考虑 Unicode 中可用的特殊字符。我们还可以使用以下命令直接将输出写入文件：

```
file.write(text, strlen(text));
```

在这个例子中，我们用葡萄牙语作为输入语言（这是停车票上使用的语言）来调用识别函数。如果愿意，你也可以使用另一张照片。

提示　随书附带的 segmentOcr.cpp 文件提供了完整的源文件。

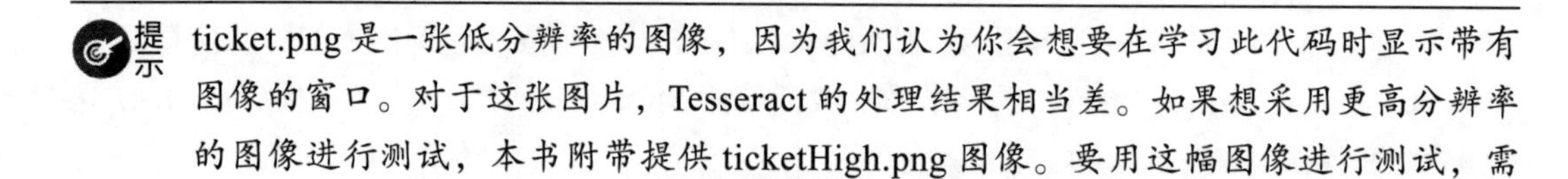
提示　ticket.png 是一张低分辨率的图像，因为我们认为你会想要在学习此代码时显示带有图像的窗口。对于这张图片，Tesseract 的处理结果相当差。如果想采用更高分辨率的图像进行测试，本书附带提供 ticketHigh.png 图像。要用这幅图像进行测试，需

要把扩张重复修改为 12，把最小框大小从 20 修改为 60。你将能获得更高的置信度（大约 87%），并且生成的文本几乎完全可读。segmentOcrHigh.cpp 文件包含了这些修改。

10.6　总结

在本章中，我们简要介绍了 OCR 应用程序。我们看到，必须根据计划识别的文档类型来调整此类系统的预处理阶段。我们介绍了预处理文本文件时的常见操作，例如阈值处理、裁剪、倾斜和文本区域分割。最后，介绍了如何安装和使用 Tesseract OCR，以便将图像转换为文本。

在下一章中，我们将使用更复杂的 OCR 技术来识别随意拍摄的图片或视频中的文本，这种情况称为场景文本识别。这是一个更为复杂的场景，因为文本可以位于任何地方，可以是任何字体，并具有不同的光照和方向。甚至根本就没有文字！我们还将学习如何使用 OpenCV 3.0 文本贡献模块，该模块与 Tesseract 完全集成。

Chapter 11 第 11 章

用 Tesseract 进行文本识别

在第 10 章中，我们介绍了非常基本的 OCR 处理功能。虽然它们对于扫描或拍摄的文档非常有用，但在处理随意出现在图片中的文本时它们几乎用不上。

在本章中，我们将探索 OpenCV 4.0 的文本模块，该模块专门用于处理场景文本检测。利用这个 API，可以检测网络摄像头视频中显示的文本，或分析拍摄的图像（如街景视图或由监控摄像机拍摄的图像）以实时提取文本信息。这样就可以创建各式各样的应用程序，比如从便利性到市场营销甚至机器人领域。

本章介绍以下主题：

- 了解场景文本识别是什么
- 了解文本 API 的工作原理
- 用 OpenCV 4.0 文本 API 检测文本
- 将检测到的文本提取到图像中
- 用文本 API 和 Tesseract 的集成来识别字母

11.1 技术要求

本章要求读者熟悉 C++ 编程语言的基础知识，所使用的所有代码都可以从以下 GitHub 链接下载：https://github.com/PacktPublishing/Learn-OpenCV-4-By-Building-Projects-Second-Edition/tree/master/Chapter_11。代码可以在任何操作系统上执行，尽管它只在 Ubuntu 上做过测试。

11.2　文本 API 的工作原理

文本 API 实现了由 Lukás Neumann 和 Jiri Matas 在 2012 年计算机视觉和模式识别（CVPR）会议期间发表的“Real-Time Scene Text Localization and Recognition”一文中提出的算法。该算法代表了场景文本检测应用的显著增加，在 CVPR 数据库和 Google 街景数据库中展现了最先进的检测技术。在使用 API 之前，我们先看看这个算法是如何工作的，以及它是如何解决场景文本检测问题的。

> 提示　记住，OpenCV 4.0 的文本 API 没有附带标准的 OpenCV 模块，这是 OpenCV 的 contrib 包中的一个附加模块。如果用 Windows Installer 安装 OpenCV，则第 1 章将会指导你安装这些模块。

11.2.1　场景检测问题

检测随机出现在场景中的文本是一个比看起来更难的问题。在与已识别的扫描文本进行比较时，需要考虑几个新的变量，例如：

- 三维性：文本的比例、方向或透视可以是任意的。此外，文本可能被部分遮挡或打断。不夸张地说，图像中也许会出现数千个可能的区域。
- 多样性：文本可以有多种不同的字体和颜色。字体可能有轮廓边框，背景可以是暗的、明亮的或者复杂的图像。
- 照明和阴影：阳光的位置和颜色会随时间而变化。雾或雨等不同的天气条件会产生噪声。即使在封闭的空间中，照明也可能是一个问题，因为有色对象的反射光会照射在文本上。
- 模糊：文本可能出现在未经镜头自动对焦优先化的区域。模糊在移动相机、透视文本或有雾的天气也很常见。

如图 11-1 所示的 Google 街景图片说明了这些问题。请注意，这些情况当中有几种情况在一幅图像中同时出现。

图　11-1

处理这种情况的文本检测在计算上可能比较吃力，因为存在 2^n 个像素的子集，n 是图像中像素个数。

为降低复杂性，通常采用两种策略：

- 使用滑动窗口仅搜索图像矩形的子集：该策略仅将子集的数量减少到较小的程度。区域的数量根据所考虑文本的复杂程度而变化。与处理旋转、倾斜、透视等的算法相比，仅处理文本旋转的算法用到的值可能比较小。这种方法的优点是简单，但它们通常仅限于较小范围的字体，而且通常仅限于特定单词的词典。
- 使用连通分量分析：此方法假设像素可以分组为不同的区域，区域中的像素具有相似的属性。这些区域被认为有更高的机会被识别为个体。这种方法的优点是它不依赖于几个文本属性（方向、比例、字体等），并且还提供了一个可用于将文本裁剪到 OCR 的分段区域。这是我们在第 10 章中使用过的方法。照明也可能会影响结果，例如，如果字母被阴影遮挡，则会创建出两个不同的区域。然而，由于场景检测通常用于移动车辆（例如，无人机或汽车）和视频，而每一帧的照明条件都不相同，因此文本最终还是会被检测到。

OpenCV 4.0 算法通过执行连通分量分析和搜索极值区域来使用第二种策略。

11.2.2 极值区域

极值区域是连接的区域，其特征在于几乎均匀的强度，并被形成对比的背景所包围。可以通过计算该区域对阈值方差的抵抗力来测量区域的稳定性。该方差可以用简单的算法进行测量：

1. 应用阈值，生成图像 A。检测其连接的像素区域（极值区域）。

2. 将阈值增加一个增量，生成图像 B。检测其连接的像素区域（极值区域）。

3. 将图像 B 与 A 进行比较。如果图像 A 中的区域与图像 B 中的相同区域相似，则将其添加到树中的同一分支。相似性标准可能因不同的实现而各异，但通常与图像区域或一般形状有关。如果图像 A 中的区域在图像 B 中被分割，则在树中为新区域创建两个新分支，并将其与前一个分支相关联。

4. 设置 $A = B$ 并返回步骤 2，直到应用最大阈值。

这将会组装一个区域树，如图 11-2 所示。

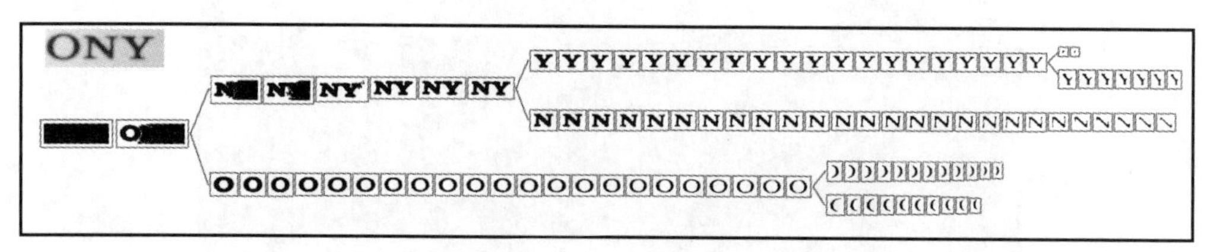

图 11-2

通过计算同一级别中有多少节点来确定对方差的抵抗力。通过分析该树，还可以确定最稳定的极值区域（MSER），即在各种阈值中保持稳定的区域。在图 11-2 中，很明显这些区域包含字母 O、N 和 Y。最大极值区域的主要缺点是当存在模糊时它们会很弱。OpenCV 在 feature2d 模块中提供了 MSER 特征检测器。极值区域很有趣，因为它们对光照、比例和方向保持不变。它们也是文本的良好候选者，因为它们在使用不同字体类型时也保持不变，即使字体被设置了样式。另外，还可以分析每个区域来确定其边界省略情况，并且可以用数值确定诸如仿射变换和面积等属性。最后，值得一提的是，整个过程很快，这使其成为实时应用程序的理想选择。

11.2.3　极值区域过滤

尽管 MSER 是定义哪些极值区域值得利用的常用方法，但 Neumann 和 Matas 算法使用不同的方法，具体来说，它将所有极值区域提交给已经过字符检测训练的序列分类器。该分类器有两个不同的阶段：

1. 逐步计算每个区域的描述符（边界框、周长、面积和欧拉数）。这些描述符被提交给分类器，分类器估计该区域属于字母表中字符的可能性有多大。然后，只有高概率区域被选择进入阶段 2。

2. 计算整个面积比、凸壳比和外边界拐点数等特征。这提供了更详细的信息，使分类器可以丢弃非文本字符，但它们的计算速度也慢得多。

在 OpenCV 下，该过程在名为 ERFilter 的类中实现。还可以使用不同的图像单通道预测，例如 *R*、*G*、*B*，亮度或灰度转换，以增加字符的识别率。最后，所有字符必须分组为文本块（例如单词或段落）。OpenCV 3.0 为此提供了两种算法：

- 修剪穷举搜索：由 Mattas 在 2011 年提出的，该算法不需要任何先前的训练或分类，但仅限于水平对齐的文本。
- 面向文本的分层方法：它能够处理任何方向的文本，但需要训练有素的分类器。

> 提示　请注意，由于这些操作需要分类器，因此还需要提供训练集作为输入。OpenCV 4.0 在以下示例包中提供了一些训练集：https://github.com/opencv/opencv_contrib/tree/master/modules/text/samples。

这也意味着该算法对分类器训练中使用的字体敏感。

该算法的演示可以在以下视频中看到，该视频由 Neumann 自己提供：https://www.YouTubecom/watch?v=ejd5gGea2Fofeature=youtu.be。文本被分割以后，就需要将其发送到像 Tesseract 这样的 OCR，类似于我们在第 10 章中所做的。唯一的区别是，现在我们要用 OpenCV 文本模块类来与 Tesseract 进行交互，因为这些类提供了一种方法来封装我们正在使用的特定 OCR 引擎。

11.3 使用文本 API

理论已经讲得足够多了，现在是时候来看看文本模块在实践中是怎样工作的。下面研究如何使用文本模块来执行文本检测、提取和识别。

11.3.1 文本检测

首先创建一个简单的程序，以便可以使用 ERFilters 执行文本分割。在这个程序中，将会用到来自文本 API 示例的训练分类器。你可以从 OpenCV 存储库下载它，但它们也可以在本书的附带代码中找到。

首先，包含所有必要的 libs 和 usings：

```
#include  "opencv2/highgui.hpp"
#include  "opencv2/imgproc.hpp"
#include  "opencv2/text.hpp"

#include  <vector>
#include  <iostream>

using namespace std;
using namespace cv;
using namespace cv::text;
```

回想一下极值区域过滤部分，ERFilter 在每个图像通道中分别工作。因此，必须提供一种方法以便在不同的单通道 cv::Mat 中分离出每个所需的通道。这一步是由 separateChannels 函数完成的：

```
vector<Mat> separateChannels(const Mat& src)
{
   vector<Mat> channels;
   //Grayscale images
   if (src.type() == CV_8U || src.type() == CV_8UC1) {
         channels.push_back(src);
         channels.push_back(255-src);
         return channels;
   }

   //Colored images
   if (src.type() == CV_8UC3) {
         computeNMChannels(src, channels);
         int size = static_cast<int>(channels.size())-1;
         for (int c = 0; c < size; c++)
               channels.push_back(255-channels[c]);
         return channels;
   }

   //Other types
   cout << "Invalid image format!" << endl;
   exit(-1);
}
```

首先，验证图像是否已经是单通道图像（灰度图像）。如果是这种情况，只需直接添加此图像，因为它不需要处理。否则，检查它是否是 RGB 图像。对于彩色图像，调用 computeNMChannels 函数将图像分成几个通道，该函数的定义如下：

```
void computeNMChannels(InputArray src, OutputArrayOfArrays channels, int
mode = ERFILTER_NM_RGBLGrad);
```

以下是其参数：

- src：源输入数组。它必须是 8UC3 类型的彩色图像。
- channel：将要填充结果通道的 Mat 向量。
- mode：定义要计算的通道。可以使用两个可能的值：
  - ERFILTER_NM_RGBLGrad：指示算法是否将 RGB 颜色、亮度和渐变幅度用作通道（默认）
  - ERFILTER_NM_IHSGrad：指示是否按其强度、色调、饱和度和梯度幅度来分割图像

我们还会在向量中追加所有颜色分量的负数值。由于图像会有三个不同的通道（R、G 和 B），这通常就足够了。也可以添加非翻转频道，就像使用去灰度图像一样，但最终会有 6 个频道，这可能是计算机密集型的。当然，如果这样做会带来更好的结果，你尽可以自由地去测试图像。最后，如果提供另一种图像，该函数将终止程序并显示错误消息。

提示　由于附加了负数值，所以算法将涵盖深色背景中的明亮文本和明亮背景中的深色文本。为渐变幅度添加负数值是没有意义的。

继续来看 main 方法。我们将用该程序来分割随源代码提供的 easel.png 图像，如图 11-3 所示。

图　11-3

这张照片是我在街上行走时用手机拍摄的。我们来对其编写代码，以便通过在第一个程序参数中提供其名称来轻松使用不同的图像：

```
int main(int argc, const char * argv[])
{
   const char* image = argc < 2 ? "easel.png" : argv[1];
   auto input = imread(image);
```

接下来，通过调用 theseparateChannels 函数把图像转换为灰度并分离其通道：

```
   Mat processed;
   cvtColor(input, processed, COLOR_RGB2GRAY);

   auto channels = separateChannels(processed);
```

如果想用彩色图像中的所有通道，只需将此代码提取的前两行替换为以下内容：

```
Mat processed = input;
```

我们需要分析 6 个通道（RGB 和反转），而不是 2 个（灰色和反转）。实际上，处理时间将比可以获得的改进增加得更多。有了通道之后，需要为算法的两个阶段创建 ERFilters。幸运的是，OpenCV 文本贡献模块为此提供了以下函数：

```
// Create ERFilter objects with the 1st and 2nd stage classifiers
auto filter1 = createERFilterNM1(
     loadClassifierNM1("trained_classifierNM1.xml"),  15, 0.00015f,
    0.13f, 0.2f,true,0.1f);

auto filter2 = createERFilterNM2(
     loadClassifierNM2("trained_classifierNM2.xml"),0.5);
```

对于第一阶段，调用 loadClassifierNM1 函数来加载先前训练的分类模型。包含训练数据的 .xml 是唯一的参数。然后，调用 createERFilterNM1 来创建将执行分类的 ERFilter 类实例，该函数具有以下签名：

```
Ptr<ERFilter> createERFilterNM1(const Ptr<ERFilter::Callback>& cb, int
thresholdDelta = 1, float minArea = 0.00025, float maxArea = 0.13, float
minProbability = 0.4, bool nonMaxSuppression = true, float
minProbabilityDiff = 0.1);
```

该函数的参数如下：

- cb：分类模型，与加载 loadCassifierNM1 函数的模型相同。
- thresholdDelta：每次算法迭代中要求总和直到阈值的数量。默认值为 1，但在这个例子中将使用 15。
- minArea：可能找到文本的极值区域（ER）的最小面积。这是通过图像大小的百分比来衡量的，面积小于此值的 ER 会被立即丢弃。
- maxArea：可能找到文本的 ER 的最大面积。这也是通过图像大小的百分比来衡量的，面积大于此值的 ER 会被立即丢弃。
- minProbability：一个区域为保留至下一阶段而必须是一个字符的最小概率。
- nonMaxSupression：用于指示是否在每个分支概率中进行了非最大抑制。

- minProbabilityDiff：最小和最大极端区域之间的最小概率之差。

第二阶段的过程与第一阶段类似，将调用 loadClassifierNM2 来加载第二阶段的分类器模型，并调用 UEFilterNM2 来创建第二阶段分类器。该函数仅获取加载的分类模型的输入参数，以及将某个区域视为字符的最小概率。因此，我们在每个通道中调用这些算法来识别所有可能的文本区域：

```
//Extract text regions using Newmann & Matas algorithm
cout << "Processing " << channels.size() << " channels...";
cout << endl;
vector<vector<ERStat> > regions(channels.size());
for (int c=0; c < channels.size(); c++)
{
    cout << "    Channel " << (c+1) << endl;
    filter1->run(channels[c], regions[c]);
    filter2->run(channels[c], regions[c]);
}
filter1.release();
filter2.release();
```

在上面的代码中，我们用到了 ERFilter 类的 run 函数，该函数有两个参数：

- 输入通道：它包括要处理的图像。
- 区域：在第一阶段算法中，将用检测到的区域填充该参数。在第二阶段（由 filter2 执行），该参数必须包含在第一阶段中选择的区域，这些区域将由第二阶段处理和过滤。

最后，释放两个过滤器，因为程序不再需要它们。最后的分割步骤是将所有的 ERRegions 分组为可能的单词并定义其边界框，这一步是通过调用 erGrouping 函数完成的：

```
//Separate character groups from regions
vector< vector<Vec2i> > groups;
vector<Rect> groupRects;
erGrouping(input, channels, regions, groups, groupRects,
ERGROUPING_ORIENTATION_HORIZ);
```

该函数具有以下签名：

```
void erGrouping(InputArray img, InputArrayOfArrays channels,
std::vector<std::vector<ERStat> > &regions, std::vector<std::vector<Vec2i>
> &groups, std::vector<Rect> &groups_rects, int method =
ERGROUPING_ORIENTATION_HORIZ, const std::string& filename = std::string(),
float minProbablity = 0.5);
```

我们来看看每个参数的含义：

- img：输入图像，也称为原始图像。
- regions：从中提取区域的单通道图像的向量。
- groups：分组区域索引的输出向量。每个组区域包含单个单词的所有极值区域。
- groupRects：包含检测到的文本区域的矩形列表。
- methed：这是分组的方法，它可以是以下任何一种：
    - ERGROUPING_ORIENTATION_HORIZ：默认值。它只通过详尽的搜索来生成具有水平方向文本的组，如 Neumann 和 Matas 最初提出的那样。

- ERGROUPING_ORIENTATION_ANY：使用单链接聚类和分类器生成带有任何方向文本的组。如果使用这个方法，必须在下一个参数中提供分类器模型的文件名。
- Filename：分类器模型的名称。只有选择了 ERGROUPING_ORIENTATION_ANY 才需要这个参数。
- minProbability：接受一个组的最小检测概率。只有选择了 ERGROUPING_ORIENTATION_ANY 才需要这个参数。

该代码还提供了对第二种方法的调用，但它被注释掉了，你可以在两者之间切换来测试它。只需注释掉之前的调用，并取消对以下代码的注释：

```
erGrouping(input, channels, regions,
    groups, groupRects, ERGROUPING_ORIENTATION_ANY,
    "trained_classifier_erGrouping.xml", 0.5);
```

对于这个调用，我们还用到了文本模块示例包中提供的默认训练分类器。最后，绘制区域框并显示结果：

```
// draw groups boxes
for (const auto& rect : groupRects)
    rectangle(input, rect, Scalar(0, 255, 0), 3);

imshow("grouping",input);
waitKey(0);
```

该程序输出如图 11-4 所示的以下结果：

图 11-4

可以在 detection.cpp 文件中查看完整源代码。

> 提示　虽然大多数 OpenCV 文本模块函数都同时支持灰度和彩色图像作为输入参数，但在编写本书时，bug 的存在阻止我们在诸如 erGroupingp 这样的函数中使用灰度图像。有关更多信息，请查看以下 GitHub 链接：https://github.com/Itseez/opencv_contrib/issues/309。
>
> 请永远记住，OpenCV 的普通发布版模块包不如默认的 OpenCV 包稳定。

11.3.2　文本提取

检测到区域之后，必须在将文本提交给 OCR 之前裁剪文本。可以简单地调用诸如 getRectSubpix 或 Mat::copy 这样的函数，用区域矩形作为感兴趣区域（ROI），但是，由于字母是倾斜的，有些不需要的文本也可以被裁切。例如，图 11-5 是如果我们只根据给定的矩形提取 ROI 时，其中一个区域看起来的样子。

图　11-5

幸运的是，ERFilter 提供了一个名为 ERStat 的对象，它包含每个极值区域内的像素。使用这些像素，我们可以使用 OpenCV 的 floodFill 函数来重建每个字母。这个函数能够基于种子点绘制相似的彩色像素，就像大多数绘图应用程序的桶（bulket）工具一样，以下是函数签名：

```
int floodFill(InputOutputArray image, InputOutputArray mask,  Point
seedPoint, Scalar newVal,
 CV_OUT Rect* rect=0, Scalar loDiff = Scalar(), Scalar upDiff = Scalar(),
int flags = 4 );
```

我们来理解这些参数，以及如何使用它们：

- image：输入图像。我们将用来获取极值区域的通道图像。除非提供了 FLOODFILL_MASK_ONLY，否则这是函数通常执行泛洪填充的位置。在这种情况下，图像保持不变，并且在蒙罩中进行绘制，这正是我们要做的。
- mask：蒙罩必须是比输入图像大两行两列的图像。当用洪泛填充绘制像素时，它会验证蒙罩中的相应像素是否为零。在这种情况下，它会将此像素绘制并标记为一（或传递到标志中的另一个值）。如果像素不为零，则洪泛填充不会绘制像素。在这个例子中，我们会提供一个空白蒙罩，以便每个字母都会在蒙罩中绘制。
- seedPoint：起点。它类似于你想用图形应用程序的桶工具时单击的位置。
- newVal：重新绘制的像素的新值。

- ❑ loDiff 和 upDiff：这些参数代表正在处理的像素与其邻居之间较低和较高的差值。如果邻居属于此范围，则会对其进行绘制。如果使用了 FLOODFILL_FIXED_RANGE 标志，则使用种子点和正在处理的像素之间的差值。
- ❑ rect：这是一个可选参数，用于限制应用洪泛填充的区域。
- ❑ flags：该值由位掩码表示：
  - 标志的最低 8 位包含连接值。值为 4 表示将使用所有 4 个边缘像素，值为 8 表示还必须考虑对角像素。我们用 4 作为此参数。
  - 接下来的 8 到 16 位包含 1 ~ 255 的值，用于填充掩码。由于想用白色填充蒙罩，我们将用 255 << 8 作为此值。
  - 正如已经描述的那样，通过添加 FLOODFILL_FIXED_RANGE 和 FLOODFILL_MASK_ONLY 标志可以设置另外两个位。

我们创建一个名为 drawER 的函数。该函数接收四个参数：

- ❑ 包含所有被处理通道的向量
- ❑ ERStat 区域
- ❑ 必须绘制的组
- ❑ 组矩形

这个函数将返回包含此组所代表的单词的图像。我们通过创建蒙罩图像并定义标志来启动此函数：

```
Mat out = Mat::zeros(channels[0].rows+2, channels[0].cols+2, CV_8UC1);

int flags = 4                       //4 neighbors
   + (255 << 8)                           //paint mask in white (255)
   + FLOODFILL_FIXED_RANGE          //fixed range
   + FLOODFILL_MASK_ONLY;           //Paint just the mask
```

然后，遍历每个组，有必要找到区域索引及其状态。这个极端区域有可能成为根，它不包含任何点。在这种情况下，它将被忽略：

```
for (int g=0; g < group.size(); g++)
{
   int idx = group[g][0];
   auto er = regions[idx][group[g][1]];

//Ignore root region
   if (er.parent == NULL)
         continue;
```

现在，我们就可以从 ERStat 对象中读取像素坐标了。它由像素号表示，按从上到下、从左到右计数。必须使用类似于第 2 章中所示的公式将此线性索引转换为行（y）和列（z）表示法：

```
int px = er.pixel % channels[idx].cols;
int py = er.pixel / channels[idx].cols;
Point p(px, py);
```

然后就可以调用 floodFill 函数。ERStat 对象提供在 loDiff 参数中使用的值：

```
floodFill(
    channels[idx], out,          //Image and mask
    p, Scalar(255),              //Seed and color
    nullptr,                     //No rect
    Scalar(er.level),Scalar(0),  //LoDiff and upDiff
    flags                        //Flags
```

在对组中的所有区域执行此操作之后，最后会得到比原始区域稍大的图像，并具有黑色背景和白色字母的单词。现在，只需剪切字母区域。由于给出了区域矩形，首先将其定义为我们的感兴趣区域：

```
out = out(rect);
```

然后，找到所有非零像素，这是将在 minAreaRect 函数中使用的值，以获取字母周围的旋转矩形。最后，借用前一章的 deskewAndCrop 函数来裁剪和旋转图像：

```
    vector<Point> points;
    findNonZero(out, points);
    //Use deskew and crop to crop it perfectly
    return deskewAndCrop(out, minAreaRect(points));
}
```

图 11-6 是画架图像的处理结果。

图　11-6

11.3.3　文本识别

在第 10 章中，我们用 Tesseract API 直接识别文本区域。这一次，我们将用 OpenCV 的类来实现相同的目标。

在 OpenCV 中，所有特定于 OCR 的类都派生自 BaseOCR 虚拟类，这个类为 OCR 执行方法本身提供了一个通用接口，具体实现必须从该类继承。默认情况下，文本模块提供了三个不同的实现：OCRTesseract、OCRHMMDecoder 和 OCRBeamSearchDecoder。

图 11-7 描述了该层次结构。

通过这种方法，可以把创建 OCR 机制的代码部分与执行本身分开。这样可以在将来更轻松地更改 OCR 的实现。

下面首先创建一个方法，它根据字符串决定将要使用哪个实现。目前仅支持 Tesseract，但你可以查看本章的代码，其中还提供了使用 HMMDecoder 的演示。此外，在字符串参数中接收 OCR 引擎名称，但可以通过从外部 JSON 或 XML 配置文件中读取它来提高应用程序的灵活性：

```
cv::Ptr<BaseOCR> initOCR2(const string& ocr) { if (ocr == "tesseract") {
return OCRTesseract::create(nullptr, "eng+por"); } throw string("Invalid
OCR engine: ") + ocr; }
```

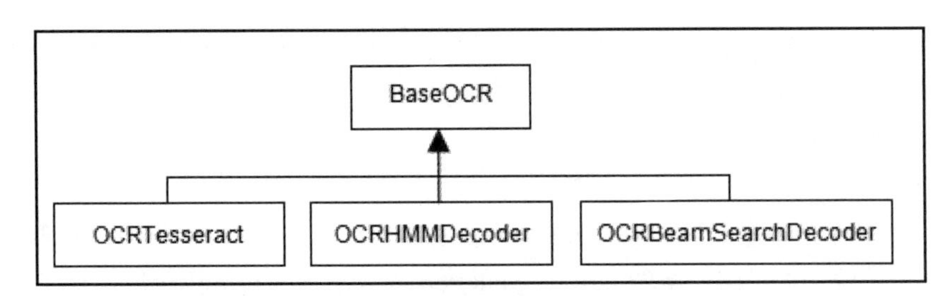

图 11-7

你可能已经注意到，该函数返回 Ptr<BaseOCR>。现在，看一下上述代码，它调用 create 方法来初始化 Tesseract OCR 实例。我们来看看它的官方签名，因为它可以接收几个特定参数：

```
Ptr<OCRTesseract> create(const char* datapath=NULL,
 const char* language=NULL,
 const char* char_whitelist=NULL,
 int oem=3, int psmode=3);
```

我们来剖析每个参数：

- datapath：这是根目录中的 tessdata 文件夹的路径，该路径必须以反斜杠 / 字符结尾。tessdata 目录包含你安装的语言文件。如果把 nullptr 传递给该参数，将使 Tesseract 在其安装目录中搜索该文件夹，因为它通常在该目录中。在部署应用程序时通常将此值更改为 args[0]，并在应用程序路径中包含 tessdata 文件夹。
- language：这是表示语言代码的三字母单词（例如，英语为 eng，葡萄牙语为 por，印地语为 hin）。Tesseract 支持使用 + 号加载多种语言代码。因此，传递 eng+por 将会加载英语和葡萄牙语。当然，只能使用之前已经安装的语言，否则加载将失败。语言配置文件可以指定必须一起加载两种或更多种语言，若要防止这种情况，可以使用波浪字符 ~。例如，可以用 hin+~eng 来保证英语不会与印地语一起加载，即使它被配置为这样做。
- whitelist：这是被设置为要考虑识别的字符。如果传递 nullptr，这些字符默认将是 0123456789abcdefghijklmnopqrstuvwxyzABCDEFGHIJKLMNOPQRSTUVWXYZ。
- oem：这是将要使用的 OCR 算法，它可以是以下某个值：
  - OEM_TESSERACT_ONLY：仅使用 Tesseract。这是最快的方法，但精度也较低。
  - OEM_CUBE_ONLY：使用 Cube 引擎。它更慢，但更精确。只有在语言经过培训能够支持此引擎模式时，此功能才有效。要检查是否是这种情况，请在 tessdata 文件夹中查找相应语言的 .cube 文件。默认支持英语。

- OEM_TESSERACT_CUBE_COMBINED：该算法结合 Tesseract 和 Cube，可以实现最佳的 OCR 分类。该引擎具有最佳精度和最慢的执行时间。
- OEM_DEFAULT：该选项会基于语言配置文件或命令行配置文件推断策略，在这两者都没有的情况下则使用 OEM_TESSERACT_ONLY。

❑ psmode：这是分割模式，它可以是以下任何一种：

- PSM_OSD_ONLY：使用此模式，Tesseract 将运行其预处理算法，来检测定向和脚本检测。
- PSM_AUTO_OSD：告诉 Tesseract 使用定向和脚本检测进行自动页面分割。
- PSM_AUTO_ONLY：执行页面分割，但避免执行定向、脚本检测或 OCR。这是默认值。
- PSM_AUTO：执行页面分割和 OCR，但避免执行定向或脚本检测。
- PSM_SINGLE_COLUMN：假设变量大小的文本显示在一列中。
- PSM_SINGLE_BLOCK_VERT_TEXT：将图像视为单个统一的垂直对齐文本块。
- PSM_SINGLE_BLOCK：假设是一个单独的文本块，这是默认配置。如果在预处理阶段保证是这种情况，我们将用到这个标志。
- PSM_SINGLE_LINE：表示图像只包含一行文本。
- PSM_SINGLE_WORD：表示图像只包含一个单词。
- PSM_SINGLE_WORD_CIRCLE：表示图像只是一个位于圆圈内的单词。
- PSM_SINGLE_CHAR：表示图像包含单个字符。

对于最后两个参数，建议你用 #include Tesseract 目录来使用常量名称，而不是直接插入它们的值。最后一步是在主函数中添加文本检测，为此，只需将以下代码添加到 main 方法的末尾：

```
auto ocr = initOCR("tesseract");
for (int i = 0; i < groups.size(); i++)
{
     auto wordImage = drawER(channels, regions, groups[i],
     groupRects[i]);

     string word;
     ocr->run(wordImage, word);
     cout << word << endl;
}
```

在这段代码中，首先调用 initOCR 方法来创建 Tesseract 实例。请注意，如果我们选择不同的 OCR 引擎，其余代码将不会更改，因为 run 方法签名由 BaseOCR 类来保证。接下来它遍历每个检测到的 ERFilter 组。由于每个组代表不同的单词，我们将执行以下操作：

1. 调用先前创建的 drawER 函数以使用该单词创建图像。

2. 创建一个名为 word 的文本字符串，并调用 run 函数来识别单词图像。识别出的单词将存储在字符串中。

3. 在屏幕中打印该文本字符串。

我们来看看 run 方法签名。这个方法在 BaseOCR 类中定义，对于所有特定的 OCR 实现（即使是将来可能实现）也是相同的：

```
virtual void run(Mat& image, std::string& output_text,
 std::vector<Rect>* component_rects=NULL,
 std::vector<std::string>* component_texts=NULL,
 std::vector<float>* component_confidences=NULL, int component_level=0) =
0;
```

当然，这是一个纯虚拟函数，必须由每个特定的类（例如，我们刚刚用到的 OCRTesseract 类）实现：

- image：输入图像。它必须是 RGB 或灰度图像。
- component_rects：我们可以提供一个向量，以便用 OCR 引擎检测到的每个组件（单词或文本行）的边界框填充它。
- component_texts：如果给定，该向量将填充 OCR 检测到的每个组件的文本字符串。
- component_confidences：如果给定，向量将被浮点数填充，每个组件的置信值都是浮点数。
- component_level：定义组件的内容。它可能具有值 OCR_LEVEL_WORD（默认情况下）或 OCR_LEVEL_TEXT_LINE。

> 提示 如有必要，你可能更喜欢将组件级别更改为 run() 方法中的单词或行，而不是在 create() 函数的 psmode 参数中执行相同的操作。这是优选的，因为任何决定实现 BaseOCR 类的 OCR 引擎都支持 run 方法。请始终记住，create() 方法是设置供应商特定配置的位置。

图 11-8 是该程序的最终输出。

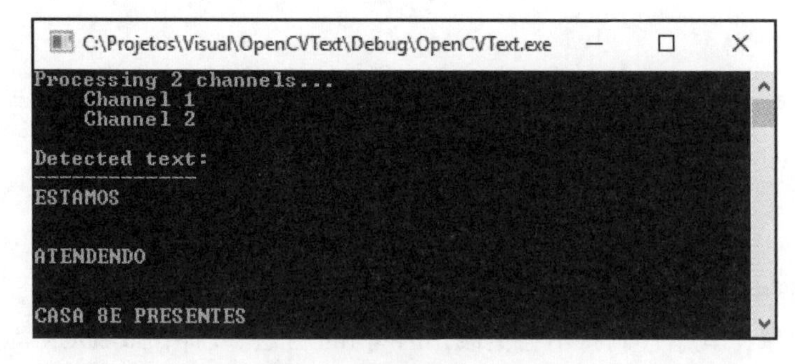

图 11-8

尽管对 & 符号有轻微的混淆，但每个单词都被完美识别。你可以在本章的代码文件 ocr.

cpp 中查看完整源代码。

11.4　总结

在本章中，可以看到场景文本识别是一种比使用扫描文本更困难的 OCR 情况。我们研究了文本模块是如何使用 Newmann 和 Matas 算法通过极值区域识别来解决这个问题的。还介绍了如何将此 API 与 floodFill 函数一起使用，以便将文本提取到图像中并将其提交给 Tesseract OCR。最后我们研究了 OpenCV 文本模块如何与 Tesseract 和其他 OCR 引擎集成，以及如何使用它的类来识别图像中的内容。

在下一章中，你将学习 OpenCV 中的深度学习。你将通过使用“ you only look once”（YOLO）算法来了解对象检测和分类。

Chapter 12 第12章

使用OpenCV进行深度学习

深度学习是一种先进的机器学习形式，它在图像分类和语音识别方面达到了最佳准确度。深度学习也可用于其他领域，例如，机器人技术、人工智能以及强化学习。这正是OpenCV正在努力将深度学习纳入其内核的主要原因。我们将学习OpenCV深度学习接口的基本用法，并在目标检测和人脸检测两个用例中使用它们。

在本章中，我们将介绍深度学习的基础知识以及如何在OpenCV中使用它。为了实现这个目标，会用到“you only look once”（YOLO）算法来学习对象检测和分类。

本章介绍以下主题：

- 什么是深度学习？
- OpenCV如何与深度学习合作，以及如何实现深度学习神经网络（NN）
- YOLO，一种非常快速的深度学习对象检测算法
- 使用单摄检测器进行人脸检测

12.1 技术要求

为了轻松地阅读本章，需要在预先编译深度学习模块的情况下安装OpenCV。如果没有此模块，则无法编译和运行示例代码。

拥有支持CUDA的NVIDIA GPU会非常有用。可以在OpenCV上启用CUDA以提高训练和检测的速度。

最后，可以从

https://github.com/PacktPublishing/Learn-OpenCV-4-By-Building-Projects-Second-Edition/tree/master/Chapter_12下载本章使用的代码。

12.2 深度学习简介

深度学习是目前关于图像分类和语音识别的科学论文中最常提及的主题，它是机器学习的一个子领域，基于传统的神经网络，并受到大脑结构的启发。要理解这项技术，先要了解神经网络是什么，以及它是如何工作的。

12.2.1 什么是神经网络，我们如何从数据中学习

神经网络受到大脑结构的启发，其中，多个神经元相互连接，形成网络，每个神经元都有多个输入和多个输出，与生物神经元一样。

神经网络是分层分布的，每层包含许多连接到前一层神经元的神经元。神经网络总是有一个输入层，通常由描述输入图像或数据的特征组成；它还有一个输出层，通常由分类结果组成；其他中间层称为隐藏层。图 12-1 显示一个基本的三层神经网络，其中输入层包含 3 个神经元，输出层包含 2 个神经元，隐藏层包含 4 个神经元。

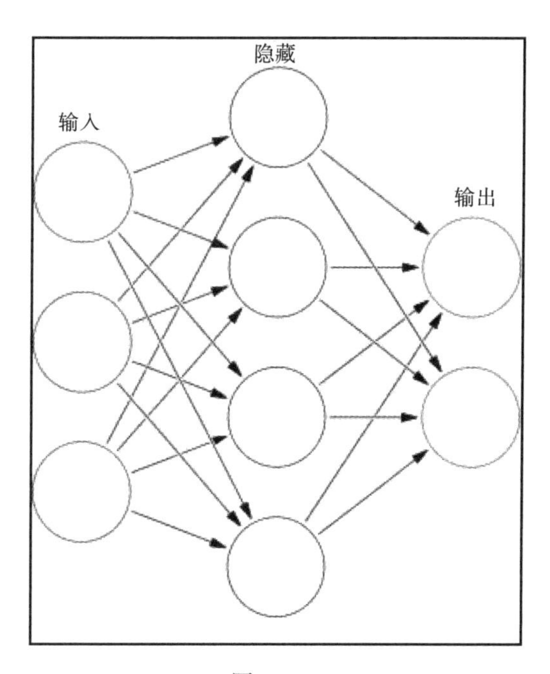

图　12-1

神经元是神经网络的基本元素，它使用一个简单的数学公式，可以在图 12-2 中看到。

正如所看到的，对于每个神经元 i，我们在数学上添加所有先前神经元的输出，这些输出是神经元 i 的输入（x1，x2 ...），按权重（wi1，wi2 ...）加上偏差值，其结果作为激活函数 f 的参数。最终的结果是神经元 i 的输出：

$$yi = f(bias*W_{i0}+X_1*W_{i1}+X_2*W_{i2}+\cdots+W_n*W_{in})$$

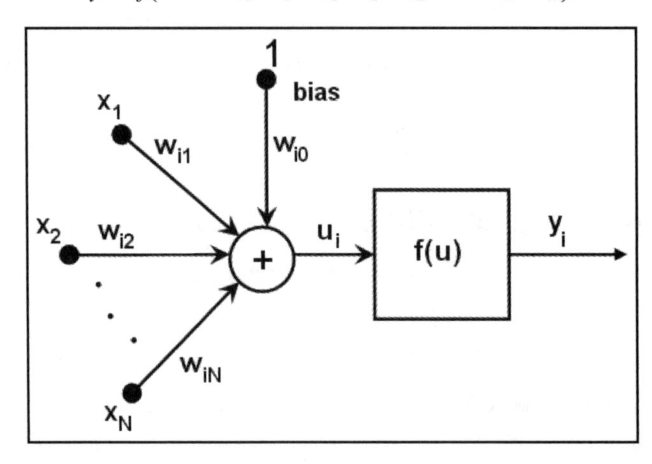

图 12-2

经典神经网络的最常见激活函数（*f*）是 S 形函数或线性函数。S 形函数最常用，它看起来如图 12-3 所示。

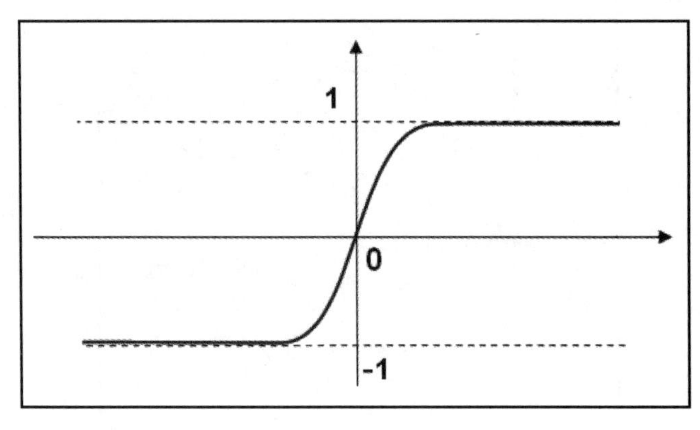

图 12-3

可是，如何通过这个公式和这些连接来学习神经网络呢？如何对输入数据进行分类？如果我们知道想要的输出，则可以将神经网络的学习算法称为监督，在学习时，输入模式被赋予网络的输入层。最初，将所有权重设置为随机数，并将输入特征发送到网络中，并检查输出结果。如果结果是错误的，就要调整网络的所有权重以获得正确的输出。这个算法称为反向传播。如果想了解有关神经网络如何学习的更多信息，请查看 http://neuralnetworksanddeeplearning.com/chap2.html 和 https://youtube/IHZwWFHWa-w。

简要介绍神经网络是什么以及 NN 的内部架构之后，我们将探讨 NN 与深度学习之间的差异。

12.2.2　卷积神经网络

深度学习神经网络与经典神经网络具有相同的背景。但是，在图像分析的情形下，主要区别在于输入层。在经典机器学习算法中，研究人员必须识别用于定义要分类的图像目标的最佳特征。例如，如果我们想要对数字进行分类，可以提取每个图像中数字的边界和行，并测量图像中对象的面积，所有这些特征都是神经网络或任何其他机器学习算法的输入。但是，在深度学习中，就不必探索特征是什么，而是直接用整个图像作为神经网络的输入。深度学习可以学习最重要的特征是什么，而深度神经网络（DNN）能够检测图像或输入，并识别它。

为了讨论这些特征是什么，我们使用深度学习和神经网络中最重要的层之一：卷积层（convolutional layer）。卷积层的工作方式类似于卷积运算符，其中内核过滤器应用于整个前一层，从而为我们提供一个新的过滤图像，比如索贝尔算子（sobel operator），如图 12-4 所示。

图　12-4

但是，在卷积层中，可以定义不同的参数，其中之一是滤镜的数量和我们想要应用于前一层或图像的尺寸。这些过滤器在学习步骤中计算，就像经典神经网络的权重一样。这是深度学习的神奇之处：它可以从标记图像中提取最重要的特征。

然而，这些卷积层是“深度”这个名字背后的主要原因，我们会通过下面的基本示例明白这是为什么。想象一下，有一个 100 × 100 的图像。在经典神经网络中，将从输入图像中提取可以想象的最相关的特征。这通常会有大约 1 000 个特征，并且对每个隐藏层可以增加或减少这个数字，但用于计算其权重的神经元数量对于用普通计算机执行计算是合理的。然而，在深度学习中，通常一开始应用的卷积层就具有 3 × 3 大小的 64 个过滤器内核。这将使生成的新层具有 100 × 100 × 64 个神经元和 3 × 3 × 64 个权重需要计算。如果继续添加越来越多的层，这些数字会迅速增加，并且需要强大的计算能力才能学习深度学习架构的良好权重和参数。

卷积层是深度学习架构最重要的方面之一，但也有其他重要的层，如池化、丢弃、展平和 Softmax。在图 12-5 中，可以看到一个基本的深度学习架构，其中堆叠了一些卷积和池化层。

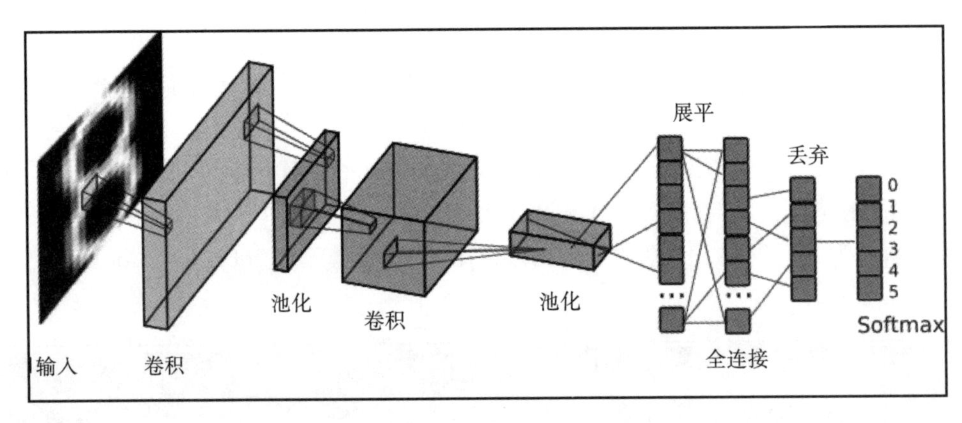

图 12-5

然而，还有一个非常重要的事情可以使深度学习获得最佳结果：标记数据的数量。如果现有数据集较小，则深度学习算法将无法帮助你进行分类，因为没有足够的数据来学习这些特征（深度学习架构的权重和参数）。但是，如果你有大量的数据，就能获得非常好的结果。但请注意，需要花费大量时间来计算和学习架构的权重和参数。这就是为什么在这个过程的早期没有使用深度学习的原因，因为计算需要大量的时间。但是，由于采用了新的并行架构，例如 NVIDIA GPU，我们就可以优化学习反向传播，并加快完成学习任务。

12.3 OpenCV 中的深度学习

深度学习模块作为贡献模块在 3.1 版本的 OpenCV 被引入，并成为 OpenCV 3.3 版本的一部分，但直到版本 3.4.3 和 4 才被开发人员广泛采用。

OpenCV 仅实现针对推理的深度学习，这意味着你无法在 OpenCV 中创建自己的深度学习架构和训练，只能导入预训练模型，并在 OpenCV 库下执行它，之后将其用作前馈（即推理）以获得结果。

实现前馈方法的最重要原因是为了优化 OpenCV 以加快推理中的计算速度并提高性能。不实现向后方法的另一个原因是为了避免浪费时间去开发其他库（如 TensorFlow 或 Caffe）擅长的东西。为此，OpenCV 为最重要的深度学习库和框架创建了导入器，以便可以导入预训练模型。

然后，如果你希望创建一个在 OpenCV 中使用的新深度学习模型，那么首先必须用 TensorFlow、Caffe、Torch 或 DarkNet 框架，或者是可用来以开放神经网络交换（ONNX）格式导出你的模型的框架，来创建和训练它。使用框架创建模型可能很容易，也可能很复杂，具体取决于你用的框架，但实质上你必须像上一个图中那样堆叠多个层，并设置 DNN 所需的参数和功能。现在还有其他工具可以帮助你无须编码即可创建模型，例如 https://www.tensoreditor.com 或 lobe.ai。TensorEditor 能够下载从可视化设计架构生成的 TensorFlow 代码，以便在你的计算机或云中进行训练。在如图 12-6 所示的屏幕截图中，可以看到 TensorEditor。

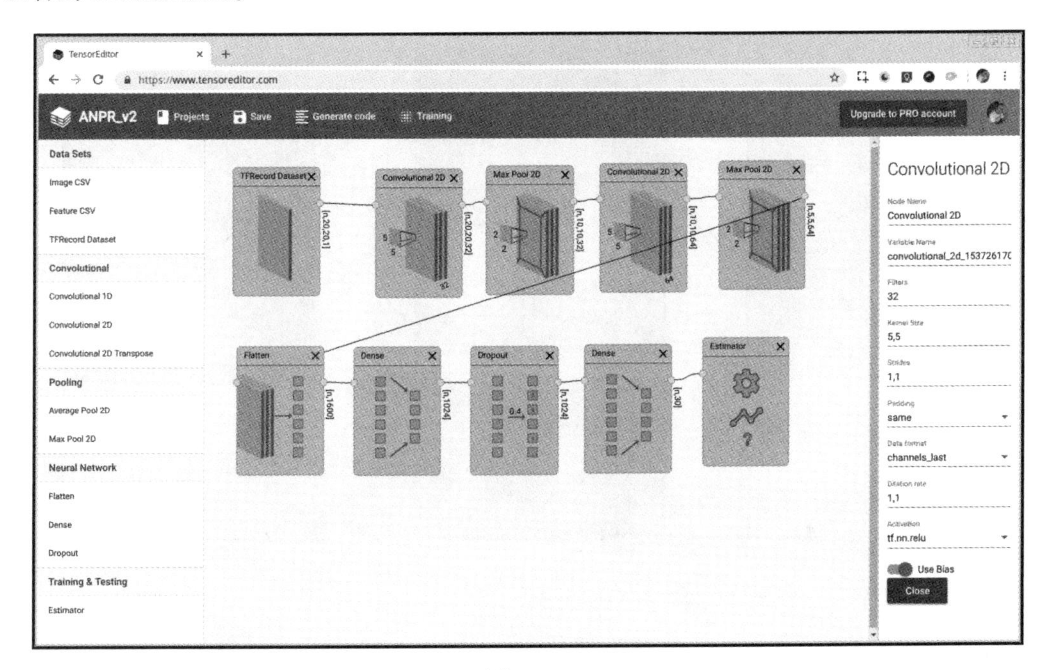

图　12-6

如果你对模型进行了训练并且对结果感到满意，则可以直接将其导入 OpenCV 来预测新的输入图像。下一节将介绍如何在 OpenCV 中导入和使用深度学习模型。

12.4　YOLO 用于实时对象检测

为了探讨如何在 OpenCV 中使用深度学习，我们将提出一个基于 YOLO 算法的对象检测和分类示例。这是最快的对象检测和识别算法之一，它在 NVIDIA Titan X 中可以以大约 30 fps 的速度运行。

12.4.1 YOLO v3 深度学习模型架构

经典计算机视觉中常见的对象检测使用滑动窗口来检测对象，以便扫描具有不同窗口大小和比例的整个图像。这里的主要问题是在多次扫描图像以查找对象时会耗费大量时间。

YOLO 采用了一种不同的方法，它把整张图划分为 S×S 的网格。对于每个网格，YOLO 检查 B 个边界框，然后深度学习模型提取每个小块的边界框和包含可能对象的置信度，以及每个框的训练数据集中每个类别的置信度。如图 12-7 所示的屏幕截图展示了 S×S 网格。

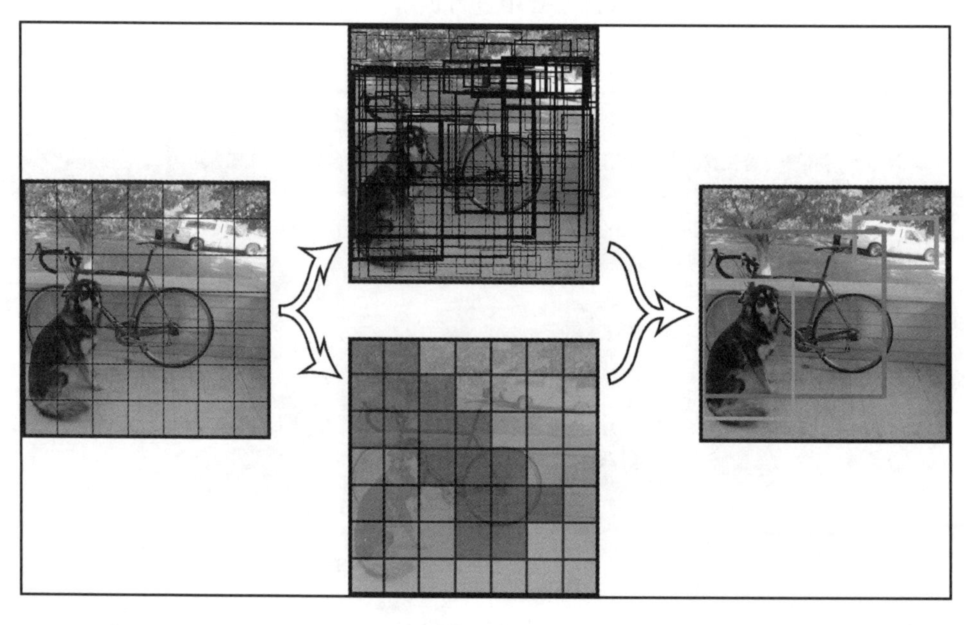

图 12-7

YOLO 使用 80 个类别，每个网格使用 19 个和 5 个边界框的网格进行训练。然后，输出结果是 19×19×425，其中 425 来自边界框（x，y，宽度，高度）、对象置信度和 80 个等级的数据，置信度乘以每个网格的框数，即 5_*bounding boxes* *(*x*,*y*,*w*,*h*，*object_confidence*,*classify_confidence*[80])= 5*(4 + 1 + 80)。如图 12-8 所示。

YOLO v3 架构基于 DarkNet，DarkNet 包含 53 个层网络，YOLO 增加了 53 个层，总共 106 个网络层。如果想要更快的架构，可以查看使用更少层的版本 2 或 TinyYOLO 版本。

12.4.2 YOLO 数据集、词汇表和模型

在开始把模型导入 OpenCV 代码之前，需要通过 YOLO 网站获取它：https:// pjreddie.com/darknet/yolo/。这个网站提供了基于 COCO 数据集的预训练模型文件，该文件包含 80 个对象类别，例如人、伞、自行车、摩托车、汽车、苹果、香蕉、计算机和椅子。

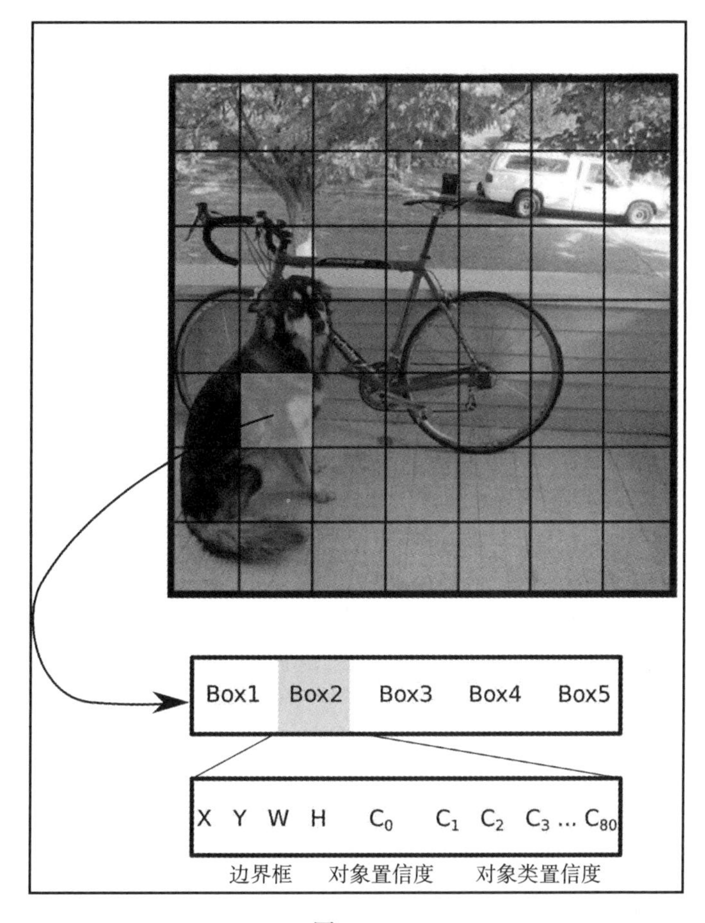

图　12-8

要获取用于可视化的所有分类和用途名称，请查看 https://github.com/pjreddie/darknet/blob/master/data/coco.names?raw=true。

名称与深度学习模型置信度的结果顺序相同。如果要按类别查看 COCO 数据集的某些图像，可以在 http://cocodataset.org/#explore 中浏览数据集，并下载其中一些来测试我们的示例应用程序。

要获得模型配置和预先训练的权重，需要下载以下文件：

- https://pjreddie.com/media/files/yolov3.weights
- https://github.com/pjreddie/darknet/blob/master/cfg/yolov3.cfg?raw=true

下面开始将模型导入 OpenCV。

12.4.3　将 YOLO 导入 OpenCV

深度学习 OpenCV 模块可以在 opencv2/dnn.hpp 头文件下找到，必须在源头文件和

cv::dnn namespace 中包含该头文件。

然后，OpenCV 的头文件类似如下所示：

```
...
#include <opencv2/core.hpp>
#include <opencv2/dnn.hpp>
#include <opencv2/imgproc.hpp>
#include <opencv2/highgui.hpp>
using namespace cv;
using namespace dnn;
...
```

我们要做的第一件事是导入 COCO 名称的词汇表，它位于 coco.names 文件中。该文件是一个纯文本文件，每行包含一个类的类别，按置信度结果进行排序。然后，我们读取该文件的每一行，并将其存储在称为类的字符串向量中：

```
...
 int main(int argc, char** argv)
 {
     // Load names of classes
     string classesFile = "coco.names";
     ifstream ifs(classesFile.c_str());
     string line;
     while (getline(ifs, line)) classes.push_back(line);
     ...
```

现在，我们要将深度学习模型导入 OpenCV。OpenCV 为诸如 TensorFlow 和 DarkNet 等深度学习框架实现了最常见的读取 / 导入器，并且它们都具有类似的语法。在这个例子中，我们将通过 OpenCV 的 readNetFromDarknet 函数用权重导入 DarkNet 模型：

```
...
 // Give the configuration and weight files for the model
 String modelConfiguration = "yolov3.cfg";
 String modelWeights = "yolov3.weights";
// Load the network
Net net = readNetFromDarknet(modelConfiguration, modelWeights);
...
```

现在就可以读取图像，并用深度神经网络进行推理。首先，用 imread 函数读取图像，并将其转换为可以读取 DotNetNuke（DNN）的张量 / blob 数据。要从图像创建 blob，我们通过传递图像来调用 blobFromImage 函数，这个函数接收以下参数：

- image：输入图像（带有 1、3 或 4 个通道）。
- blob：输出 mat。
- scalefactor：图像值的乘数。
- size：作为 DNN 的输入，输出 blob 所需的空间大小。
- mean：从通道中减去的平均值标量。如果图像具有 BGR 排序且 swapRB 为真，则值应为（mean-R、mean-G 和 mean-B）顺序。
- swapRB：一个标志，表示有必要交换 3 通道图像中的第一个和最后一个通道。
- crop：一个标志，指示调整大小后是否裁剪图像。

可以在以下完整代码段中了解如何读取图像并将其转换为 blob：

```
...
input= imread(argv[1]);
// Stop the program if reached end of video
if (input.empty()) {
    cout << "No input image" << endl;
    return 0;
}
// Create a 4D blob from a frame.
blobFromImage(input, blob, 1/255.0, Size(inpWidth, inpHeight),
Scalar(0,0,0), true, false);
...
```

最后，把 blob 提供给深度网络并使用 forward 函数调用推理，这里需要两个参数，即作为输出的 mat 结果以及输出需要检索的层的名称：

```
...
//Sets the input to the network
net.setInput(blob);

// Runs the forward pass to get output of the output layers
vector<Mat> outs;
net.forward(outs, getOutputsNames(net));
// Remove the bounding boxes with low confidence
postprocess(input, outs);
...
```

在 mat 输出向量中，所有边界框已经被神经网络检测到，但还要对输出进行后处理，以便只得到置信度大于阈值的结果，这里的阈值通常为 0.5，最后应用非最大抑制来消除多余的重叠框。你可以在 GitHub 上获得完整的后处理代码。

该示例的最终结果是深度学习中的多目标检测和分类，如图 12-9 所示。

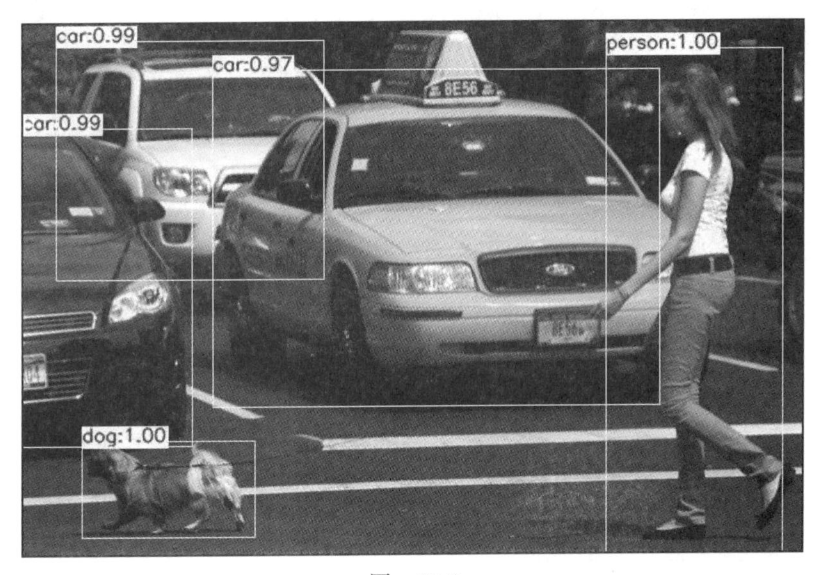

图　12-9

下面我们将学习另一项常用于人脸检测的对象检测功能。

12.5 用 SSD 进行人脸检测

单摄检测（Single Shot Detection，简称 SSD）是另一种快速、准确的深度学习对象检测方法，它具有与 YOLO 类似的概念，可以在同一架构中预测对象和边界框。

12.5.1 SSD 模型架构

SSD 算法称为单摄，是因为当它在同一个深度学习模型中处理图像时，可以同时预测边界框和类。基本上，该体系结构包含以下几个步骤：

1. 一幅 300 × 300 的图像被输入架构中。
2. 输入图像通过多个卷积层，获得不同尺度的不同特征。
3. 对于在步骤 2 中获得的每个特征映射，用 3 × 3 卷积滤波器来评估一小组默认边界框。
4. 对于评估的每个默认框，预测边界框偏移和类概率。

模型架构如图 12-10 所示。

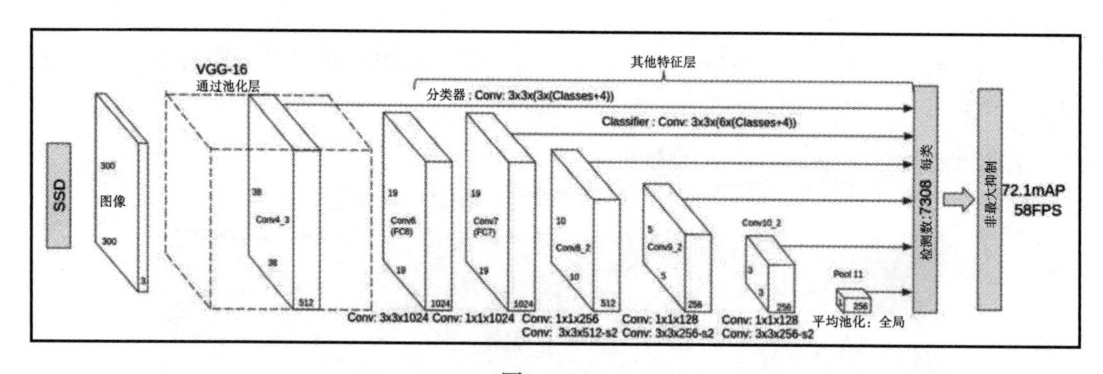

图 12-10

SSD 用于预测类似于 YOLO 中的多个类，但它可以被修改，用来检测单个对象，从而更改最后一层并仅训练一个类，这是我们在这个示例中所做的，即用一个经过重新训练的模型进行人脸检测，并且只预测一个类。

12.5.2 将 SSD 人脸检测导入 OpenCV

要在代码中使用深度学习，需要导入相应的头文件：

```
#include <opencv2/dnn.hpp>
#include <opencv2/imgproc.hpp>
#include <opencv2/highgui.hpp>
```

之后，导入必需的名称空间：

```
using namespace cv;
using namespace std;
using namespace cv::dnn;
```

现在定义要在代码中用到的输入图像的大小和常量：

```
const size_t inWidth = 300;
const size_t inHeight = 300;
const double inScaleFactor = 1.0;
const Scalar meanVal(104.0, 177.0, 123.0);
```

在这个例子里，如果处理相机或视频输入，就需要一些参数作为输入，例如模型配置和预训练模型。还需要最小的信置度来决定一个预测是否正确：

```
const char* params
= "{ help | false | print usage }"
"{ proto | | model configuration (deploy.prototxt) }"
"{ model | | model weights (res10_300x300_ssd_iter_140000.caffemodel) }"
"{ camera_device | 0 | camera device number }"
"{ video | | video or image for detection }"
"{ opencl | false | enable OpenCL }"
"{ min_confidence | 0.5 | min confidence }";
```

现在，开始编写 main 函数，用 CommandLineParser 函数解析参数：

```
int main(int argc, char** argv)
{
 CommandLineParser parser(argc, argv, params);

 if (parser.get<bool>("help"))
 {
 cout << about << endl;
 parser.printMessage();
 return 0;
 }
```

还要加载模型架构和预先训练的模型文件，并在深度学习网络中加载该模型：

```
 String modelConfiguration = parser.get<string>("proto");
 String modelBinary = parser.get<string>("model");

 //! [Initialize network]
 dnn::Net net = readNetFromCaffe(modelConfiguration, modelBinary);
 //! [Initialize network]
```

检查是否正确导入了网络是非常重要的，还必须用 empty 函数检查模型是否已导入，如下所示：

```
if (net.empty())
 {
 cerr << "Can't load network by using the following files" << endl;
 exit(-1);
 }
```

加载网络后，要初始化输入源、相机或视频文件，并将其加载到 VideoCapture 中，如下所示：

```
VideoCapture cap;
if (parser.get<String>("video").empty())
{
int cameraDevice = parser.get<int>("camera_device");
cap = VideoCapture(cameraDevice);
if(!cap.isOpened())
{
cout << "Couldn't find camera: " << cameraDevice << endl;
return -1;
}
}
else
{
cap.open(parser.get<String>("video"));
if(!cap.isOpened())
{
cout << "Couldn't open image or video: " << parser.get<String>("video") <<
endl;
return -1;
}
}
```

现在准备开始捕获帧，并将每个帧输入深度神经网络中以便找到人脸。

首先，在循环中捕获每个帧：

```
for(;;)
{
Mat frame;
cap >> frame; // get a new frame from camera/video or read image

if (frame.empty())
{
waitKey();
break;
}
```

接下来，把输入框架放入可以管理深度神经网络的 Mat blob 结构中。我们必须发送具有适当 SSD 大小的图像，即 300 × 300（我们应当已经初始化 inWidth 和 inHeight 常量），然后从输入图像中减去一个平均值，这是在 SSD 中使用定义的 meanVal 常量时必需的值：

```
Mat inputBlob = blobFromImage(frame, inScaleFactor, Size(inWidth,
inHeight), meanVal, false, false);
```

现在即可将数据设置到网络中，并分别用 net.setInput 和 net.forward 函数获取预测 / 检测结果。检测结果会转换为可以读取的检测 mat，其中 detection.size[2] 是检测到的对象数量，detect.size [3] 是每次检测的结果数（边界框数据和置信度）：

```
net.setInput(inputBlob, "data"); //set the network input
Mat detection = net.forward("detection_out"); //compute output
Mat detectionMat(detection.size[2], detection.size[3], CV_32F,
detection.ptr<float>());
```

检测 Mat 的每一行包含以下内容：

- 第 0 列：对象存在的置信度
- 第 1 栏：边界框的置信度
- 第 2 栏：检测到人脸的置信度
- 第 3 列：边界框左下 X
- 第 4 列：边界框左下 Y
- 第 5 列：边界框右上 X
- 第 6 列：边界框右上 Y

边界框的大小是相对于图像大小的值（零到一）。

现在应用阈值，以便根据定义的输入阈值只获取所需的检测结果：

```
float confidenceThreshold = parser.get<float>("min_confidence");
 for(int i = 0; i < detectionMat.rows; i++)
 {
 float confidence = detectionMat.at<float>(i, 2);

 if(confidence > confidenceThreshold)
 {
```

现在提取边界框，并在每个检测到的人脸上绘制一个矩形，最后显示它如下所示：

```
 int xLeftBottom = static_cast<int>(detectionMat.at<float>(i, 3) *
frame.cols);
 int yLeftBottom = static_cast<int>(detectionMat.at<float>(i, 4) *
frame.rows);
 int xRightTop = static_cast<int>(detectionMat.at<float>(i, 5) *
frame.cols);
 int yRightTop = static_cast<int>(detectionMat.at<float>(i, 6) *
frame.rows);

 Rect object((int)xLeftBottom, (int)yLeftBottom, (int)(xRightTop -
xLeftBottom), (int)(yRightTop - yLeftBottom));

 rectangle(frame, object, Scalar(0, 255, 0));
 }
 }
 imshow("detections", frame);
 if (waitKey(1) >= 0) break;
}
```

最终结果如图 12-11 所示。

在本节中，你学习了一种新的深度学习架构 SSD，以及如何将其用于人脸检测。

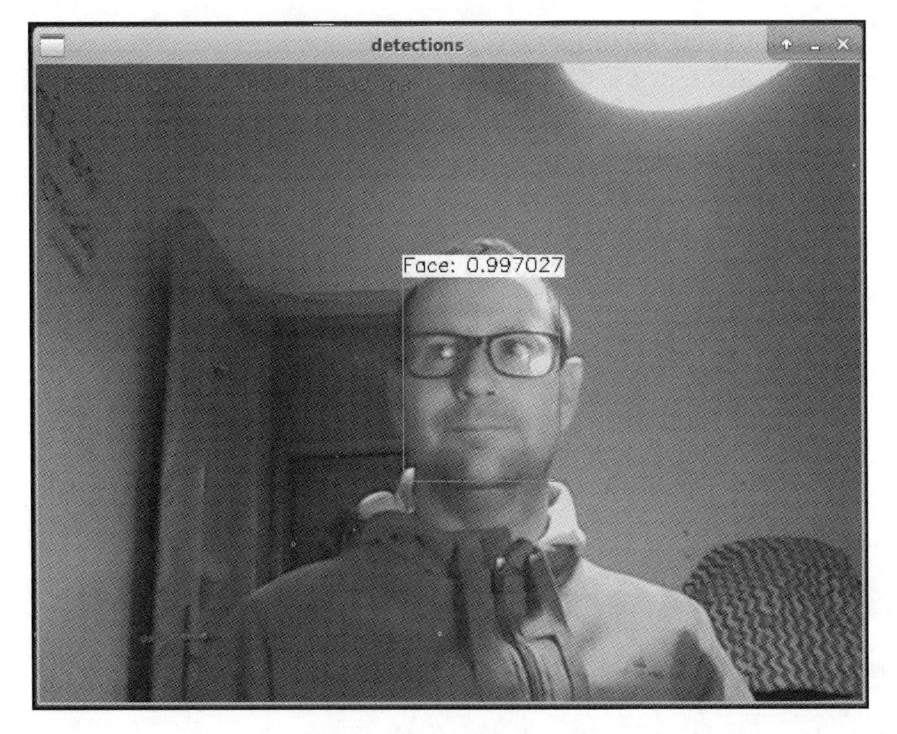

图 12-11

12.6 总结

在本章中，我们介绍了深度学习以及如何在 OpenCV 上使用它进行对象检测和分类。本章是出于任何目的而使用其他模型和深度神经网络的基础。

本书教你如何获取和编译 OpenCV，如何使用基本的图像和 mat 操作，以及如何创建自己的图形用户界面。我们介绍了基本过滤器并将其应用于工业检测示例，还探究了怎样使用 OpenCV 进行人脸检测以及如何操作它来添加面具。最后介绍了对象跟踪、文本分割和识别等非常复杂的用例。现在，你应该能够在 OpenCV 中创建自己的应用程序，这要归功于这些示例，它们向你展示了如何应用每种技术或算法。

推荐阅读

Keras深度学习实战

AI安全之对抗样本入门

MXNet
深度学习实战
计算机视觉算法实现

Python大规模机器学习

Python深度学习实战
基于TensorFlow和Keras的聊天机器人
以及人脸、物体和语音识别

Python人脸识别
从入门到工程实践

Python深度学习
基于TensorFlow

深度学习实践
基于Caffe的解析

神经网络与PyTorch实战

推荐阅读

机器学习：使用OpenCV和Python进行智能图像处理

作者：Michael Beyeler ISBN：978-7-111-61151-6 定价：69.00元

OpenCV 3和Qt5计算机视觉应用开发

作者：Amin Ahmaditazehkandi ISBN：978-7-111-61470-8 定价：89.00元

计算机视觉算法：基于OpenCV的计算机应用开发

作者：Amin Ahmadi 等 ISBN：978-7-111-62315-1 定价：69.00元

Java图像处理：基于OpenCV与JVM

作者：Nicolas Modrzyk ISBN：978-7-111-62388-5 定价：99.00元